Florian Ion PETRESCU & Relly Victoria PETRESCU

MOTOARE TERMICE COLOR

USA 2011

Scientific reviewer:

Prof. Dr. Ing. Gheorghe FRĂȚILĂ

Copyright

Title book: Motoare termice color

Authors book: Florian Ion PETRESCU & Relly Victoria PETRESCU

© 2012, Florian PETRESCU & Relly PETRESCU

petrescuflorian@yahoo.com

ALL RIGHTS RESERVED. This book contains material protected under International and Federal Copyright Laws and Treaties. Any unauthorized reprint or use of this material is prohibited. No part of this book may be reproduced or transmitted in any form or by any means, electronic or mechanical, including photocopying, recording, or by any information storage and retrieval system without express written permission from the author / publisher.

ISBN 978-1-4810-8828-2

SCURTĂ DESCRIERE (INTRODUCERE)

Lucrarea prezintă o viziune personală asupra designului ingineresc pentru construcția de mașini. Se au în vedere mai mult motoarele termice. Sunt tratate pe scurt istoricul, clasificarea și utilizările. Se prezintă mai amănunțit unele tipuri de motoare termice cu ardere internă, deoarece acestea ne-au marcat existența în ultii 150 ani.

O mai mare importanță o au motoarele termice cu ardere internă de tip Otto, sau Diesel, motoarele în doi timpi, cele rotative, cât și motoarele termice cu ardere externă, în special cele cu aburi (de tip Watt), sau motoarele din gama Stirling care funcționează pe baza diferenței de temperatură dintre două surse.

Dezvoltarea și diversificarea autovehiculelor rutiere și a vehiculelor, mai ales cea a automobilelor, împreună cu motoarele termice, în special cele cu ardere internă (fiind mai compacte, mai robuste, mai independente, mai fiabile, mai puternice, mai dinamice, etc...), a forțat și dezvoltarea într-un ritm mai alert a dispozitivelor, mecanismelor, și ansamblurilor componente. Cele mai studiate fiind trenurile de putere și cel al transmisiei.

Problema randamentului foarte scăzut, a noxelor mari și a consumului foarte mare de putere și de combustibil, a fost mult ameliorată și reglementată în ultimii 20-30 ani, prin dezvoltarea și introducerea unor mecanisme motoare și de distribuție moderne, care pe lângă randamente mai ridicate (ce aduc imediat o mare economie de combustibili) realizează și o funcționare optimă, fără zgomote, fără vibrații, cu noxe mult diminuate, în condițiile în care turația motorului maximă posibilă a crescut de la 5000-6000 la circa 30000 [rot/min].

O performanță deosebită o reprezintă creșterea în continuare a randamentului mecanic al mecanismului motor principal și cel al sistemelor de distribuție, până la cote nebănuite până în prezent, fapt ce va aduce o economie de combustibili majoră.

Astăzi toate motoarele cu ardere internă (dar și cele cu ardere externă care mai sunt utilizate) funcționează în general la standarde ridicate, cu consumuri mici de combustibili, cu nivele scăzute de vibrații și zgomote, cu emisii de noxe extrem de reduse, comform reglementărilor actuale care sunt și ele din ce în ce mai pretențioase.

Rezervele de petrol și cele energetice actuale ale omenirii sunt limitate. Până la implementarea de noi surse energetice (care să preia controlul real în locul combustibililor fosilici) o sursă alternativă reală de energie și de combustibili este chiar „scăderea consumului de combustibil al unui autovehicul", fie că vom arde petrol, gaze și derivați petrolieri, fie că vom implementa într-o primă fază biocombustibilii (lucru ce s-a și realizat în unele țări, cum ar fi Brazilia, USA, Germania, etc), iar mai târziu și hidrogenul (extras din apă).

Scăderea consumului de combustibil pentru un anumit tip de vehicul, pentru o sută de km parcurși, s-a produs în mod constant din anul 1980 și până în prezent și va continua și în viitor.

Chiar dacă se vor înmulți hibrizii și automobilele cu motoare electrice, să nu uităm că ele trebuie să se încarce cu curent electric care în general este obținut tot prin arderea combustibililor fosilici, cu precădere petrol și gaze, în proporție planetară actuală de circa 60%. Ardem petrolul în centrale termice mari ca să ne încălzim, să avem apă caldă menajeră, și energie electrică pentru consum casnic, stradal, industrial, comercial, etc, și o parte din această energie o luăm suplimentar și o consumăm suplimentar pe (auto)vehicule cu motoare electrice, dar problema globală, energetică nu se rezolvă, criza chiar se adâncește. Așa s-a întâmplat atunci când am electrificat forțat calea ferată pentru trenuri, când am generalizat tramvaiele, troleibuzele și metrourile, consumând brusc mai mult curent electric produs mai ales din petrol; consumul petrolier a crescut brusc, iar prețul său a trebuit să aibă un salt uriaș.

Aspectul cel mai grav al acestui fapt (care pare să fi trecut neobservat de marile guverne ale lumii comtemporane) este că poluarea și consumul datorate arderilor suplimentare de petrol, produse petroliere și gaze, în centrale energetice mondiale, au crescut foarte mult și foarte brusc, datorită consumului sporit de energie electrică obținută în mare parte tot din arderea combustibililor clasici, aflați pe cale de dispariție (rezervele de petrol ale Terrei s-ar putea epuiza efectiv în următorii 40-50 ani dacă continuăm tot așa, deoarece deocamdată energiile noi implementate, regenerabile și sustenabile abia dacă realizează 2-3% nesemnificative dealtfel din producția globală energetică, circa 40% fiind totuși realizate din noii biocombustibili, din biomasă, din energia nucleară obținută prin fisiune și din hidrocentrale). Deocamdată energia eoliană, cea solară, cea obținută din maree, din valurile mărilor și oceanelor, din izvoarele termice (gheizăre), pe cale chimică, sau prin diverse alte căi, abia atinge acum circa 1-3% din producția mondială de energie (inclusiv cea electrică).

Ce se întâmplă de fapt? Auzim vorbindu-se mereu de eforturile pe care marile guverne ale lumii le fac pentru implementarea forțată a unor astfel de noi tehnologii nepoluante și sustenabile, în special noi centrale solare și eoliene. Creșterile anunțate sunt de circa 30-40% anual și totuși randamentul lor, prezența lor în ponderea energiilor mondiale obținute rămâne încă nesemnificativă. Realitatea este că aceste creșteri se raportează tot la tehnologiile de acest fel existente global, care sunt încă nesemnificative per total, iar o creștere de 40% din 1-2% reprezintă o creștere reală de circa 0,8% anual, creștere care abia se observă în condițiile păstrării producției și consumului mondial de energie, deoarece din păcate atât consumul energetic mondial cât și producția globală de energie suferă anual o creștere semnificativă procentuală care nu doar că egalează dar chiar depășește uneori cu mult procentul efectiv de creștere a regenerabilelor moderne (eoliene, solare, etc.), astfel încât ar fi necesare creșteri mult mai susținute la energiile noi curate, pentru ca ele să realizeze o înlocuire reală treptată a centralelor cu petrol, produse petroliere, gaze naturale și cărbune.

Generalizând brusc și automobilele electrice (deși nu suntem încă pregătiți real pentru acest lucru), vom da o nouă lovitură rezervelor de petrol și gaze.

Din fericire în ultima vreme s-au dezvoltat foarte mult biocombustibilii, biomasa și energetica nucleară (deocamdată cea bazată pe reacția de fisiune nucleară). Acestea împreună și cu hidrocentralele, au reușit să producă circa 40% din energia reală consumată global. Numai circa 2-3% din resursele energetice globale sunt produse prin diverse alte metode alternative (în ciuda eforturilor făcute până acum).

Acest fapt nu trebuie să ne dezarmeze, și să renunțăm la implementarea centralelor solare, eoliene, etc.

Totuși, ca o primă necesitate de a scădea și mai mult procentul de energii globale obținute din petrol și gaze, primele măsuri energice ce vor trebui continuate, vor fi sporirea producției de biomasă și biocombustibili, împreună cu lărgirea numărului de centrale nucleare (în ciuda unor evenimente nedorite, care ne arată doar faptul că centralele nucleare pe fisiune trebuiesc construite cu un grad sporit de siguranță, și în nici un caz eliminate încă de pe acum, ele fiind în continuare, cea ce au fost și până acum, „un rău necesar").

Sursele alternative vor lua ele singure o amploare nebănuită, dar așteptăm ca și energia furnizată de ele să fie mult mai consistentă în procente globale, pentru a putea să ne și bazăm pe ele la modul real (altfel, riscăm ca toate aceste energii alternative să rămână un fel de „basm").

Programele energetice de tip combustibil hidrogen, „când demarează, când se opresc", astfel încât nu mai e timp real acum pentru a ne salva energetic prin ele, deci nu mai pot fi prioritare, dar pe camioane, și autobuze ar putea fi implementate chiar acum, deoarece au fost rezolvate parțial problemele cu stocarea. Problema cea mai mare la hidrogen nu mai este stocarea sigură, ci cantitatea mare de energie necesară pentru extragerea lui, și mai ales pentru stocarea (îmbutelierea) lui. Cantitatea uriașă de energie electrică consumată pentru îmbutelierea hidrogenului, va trebui să fie obținută în totalitate prin surse alternative energetice, în caz contrar programele pentru hidrogen nefiind rentabile pentru omenire, cel puțin pentru moment. Personal cred că utilizarea imediată a hidrogenului extras din apă cu ajutorul energiilor alternative, ar fi mai potrivită la navele maritime, la autobuze și camioane.

Atâta timp cât regenerabilele nu vor reprezenta cel puțin 80-90% din producția mondială energetică, nu are nici un rost să mai înlocuim și motoarele termice de pe automobile cu motoare electrice.

Când utilizarea consumabilelor (petrol, produse petroliere, gaze, cărbune) va mai reprezenta procentual doar 10-15% din energia obținută anual global, abia atunci, vom putea lua în calcul implementarea automobilelor cu motoare electrice în locul celor cu motoare termice.

Deci deocamdată nu e benefică înlocuirea parcului auto echipat cu motoare termice, cu unul electrificat și nu doar că nu e benefică, însă în mod real nici nu este posibilă.

Poate doar să mai spunem că datorită automobilului clasic (cu motoare termice) în plină criză energetică (și nu doar energetică, din 1970 și până azi), producția de automobile și autovehicule a sporit într-un ritm alert (dar firesc), în loc să scadă, iar acestea au și fost comercializate și utilizate. S-a pornit la declanșarea crizei energetice mondiale (în anii 1970) de la circa 200 milioane autovehicule pe glob, s-a atins cifra de aproximativ 350 milioane în 1980 (când s-a declarat pentru prima oară criza energetică și de combustibili mondială), în 1990 circulau circa 500 milioane autovehicule pe glob, iar în 1997 numărul de autovehicule înmatriculate la nivel mondial depășea cifra de 600 milioane. În 2010 circulă pe întreaga planetă peste 800 milioane autovehicule. Curând, cantitatea de autovehicule rutiere aflate în circulație, care s-a mărit de patru ori pe perioada crizei din 1970 și până în 2010, ajungând de la 200 mil. la 800 mil., v-a atinge miliardul. Cine v-a putea casa rapid un parc auto de un miliard de autovehicule pentru a-l înlocui în totalitate cu unul electrificat? Cu ce bani, când eforturile sporite ale guvernelor tuturor țărilor, abia reușesc să retragă din circulație anual circa 1-2% din parcul de autovehicule care depășesc 20-30 ani de când sunt în circulație?

Cu stimă și respect,

autorii.

CUPRINS

Scurtă descriere..003
Cuprins..008
Cap 01 Motoare termice cu ardere externă 010
   1.1 Introducere...010
   1.2 Motoarele cu ardere externă cu aburi................... 010
   1.3 Motoarele cu ardere externă de tip Stirling................017
      1.3.1 Descrierea motoarelor Stirling............................. 021
      1.3.2 Istoric... 022
      1.3.3 Ciclul motor...024
      1.3.4 Regeneratorul... 027
      1.3.5 Bazele teoretice.. 029
      1.3.6 Utilizări.. 033
   1.4 Concluzii...047
B1. Bibliografie... 048
Cap 02 Motoare termice cu ardere internă...........................049
   2.1 Introducere... 049
   2.2 Situația actuală a motoarelor termice cu ardere internă................049
   2.3 Sinteza motoarelor cu ardere internă cu hidrogen............055
      2.3.1 Despre combustibilul hidrogen..............................055
      2.3.2 Un Wankel vă rog! Sau poate un Atkinson nou, rotativ!.............056
      2.3.3 Prezentarea pe scurt a tancurilor de hidrogen............057
      2.3.4 Pactul HG8...058
   2.4 Din istoria motoarelor cu ardere internă......................059
      2.4.1 Scurtă prezentare... 059
      2.4.2 Apariția și dezvoltarea motoarelor cu ardere internă cu supape de tip Otto, sau Diesel, legată de cea a automobilelor..................062
   2.5 Concluzii..072
B2. Bibliografie... 072
Cap 03 Designul motoarelor în V...073
   3.1 Prezentare...073
   3.2. Sinteza motorului în V în funcție de unghiul alfa................ 083
      3.2.1. Ideia de bază.. 084

3.2.2. Sinteza propriuzisă a motoarelor în V.. 086
3.2.2.1. Prezentare generală..086
3.2.2.2. Forțe și viteze.. 086
3.2.2.3. Determinarea coeficientului dinamic, D.......................................087
3.2.3. Analiza dinamică..088
3.2.4. Observații și concluzii... 092
3.2.5. Relațiile de calcul... 093
B3. Bibliografie...097
Cap 04 Determinarea randamentului mec. la sistemul bielă manivelă piston........099
4.1 Cinematica mecanismului bielă manivelă piston......................................100
4.2 Determinarea randamentului mecanic al sistemului bielă manivelă piston, atunci când acesta lucrează în regim de motor, fiind acționat de către piston......102
4.3 Determinarea randamentului mecanic al sistemului bielă manivelă piston, atunci când acționarea lui se face dinspre manivelă..107
B4. Bibliografie...115
Cap 05 Cinematica dinamică la sistemul bielă manivelă piston............................116
B5. Bibliografie...129
Cap 06 Cinematica dinamică de precizie la sistemul bielă manivelă piston..130
B6. Bibliografie...146
Cap 07 Dinamica motorului Otto 147
B7. Bibliografie...162

Cap. 1. MOTOARE TERMICE CU ARDERE EXTERNĂ

1.1. Introducere

Motorul este o mașină care transformă o formă oarecare de energie în energie mecanică.

Se disting următoarele tipuri de motoare:

Electric, magnetic, electromagnetic, sonic, pneumatic, hydraulic, eolian, geotermic, solar, nuclear, cu reacție (Coandă, împingătoare ionice, ionice, cu unde electromagnetice, cu plasmă, fotonice), termice.

Fiind motoarele cele mai vechi, cele mai utilizate și cele mai răspândite, motoarele termice (care transformă energia termică în energie mecanică) se pot clasifica la rândul lor în două mari categorii: motoare cu ardere externă și motoare cu ardere internă.

Printre cele mai cunoscute motoare cu ardere externă menționăm: motoarele cu aburi și motoarele Stirling.

Categoria motoarelor cu ardere internă fiind cea mai răspândită, cea mai utilizată, și cea mai importantă, cuprinde mai multe subcategorii, din care vom încerca să enumerăm câteva:

Motorul Lenoir (motorul în doi timpi), motorul Otto (motorul în patru timpi), motorul Diesel (cu autoaprindere și injecție de combustibil), motorul rotativ Wankel, motorul rotativ Atkinson, motoarele biodisel, motoarele cu hidrogen, etc.

1.2. Motoarele cu ardere externă cu aburi

Cele mai răspândite motoare cu ardere externă sunt cele cu aburi. Chiar dacă inițial au fost utilizate ca motoare navale, apariția și dezvoltarea motoarelor termice cu aburi (cât și cea a primelor mecanisme cu came) sunt strâns legate de apariția și dezvoltarea războaielor de țesut (mașinilor automate de țesut).

În 1719, în Anglia, un oarecare John Kay deschide într-o clădire cu cinci etaje o filatură. Cu un personal de peste 300 de femei și copii, aceasta avea să fie prima fabrică din lume. Tot el devine celebru inventând suveica zburătoare, datorită căreia țesutul devine mult mai rapid. Dar mașinile erau în continuare acționate manual. Abia pe la 1750 industria textilă avea să fie revoluționată prin aplicarea pe scară largă a acestei invenții. Inițial țesătorii i s-au opus, distrugând suveicile zburătoare și alungându-l pe inventator.

Pe la 1760 apar războaiele de țesut și primele fabrici în accepțiunea modernă a cuvântului. Era nevoie de primele motoare. De mai bine de un secol, italianul Giovanni Branca (1571-1645) propusese utilizarea aburului pentru acționarea unor turbine (primul motor termic modern cu ardere externă cu aburi construit de inginerul și arhitectul italian Giovanni BRANCA, a fost o turbină cu aburi, vezi figura 1).

Fig. 1 Turbina cu aburi a inginerului italian Giovanni Branca

Fig. 3 Motorul cu aburi al lui Thomas Savery, 1698

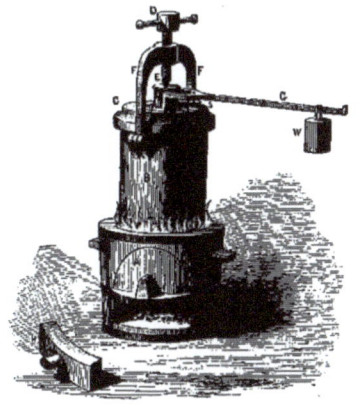

Fig. 2 Primul motor cu aburi al inventatorului francez Denis Papin, 1679

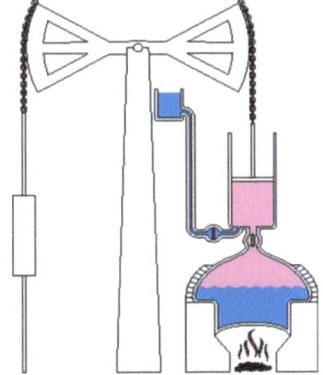

Fig. 4 Motorul cu aburi al lui Thomas Newcomen, 1712

Experimentele ulterioare nu au dat satisfacție. În Franța și Anglia, inventatori de marcă, ca Denis Papin (1647-1712, matematician și inventator francez, pionier al motoarelor cu aburi, al cărui prim motor cu aburi realizat în anul 1679 poate fi urmărit în figura 2) sau marchizul de Worcester (1603-1667), veneau cu noi și noi idei.

La sfârșitul secolului XVII, Thomas Savery (1650-1715) construise deja "prietenul minerului", un motor cu aburi (patentat, neavând în componență nici un mecanism, nici o piesă mobilă, el era un fel de compresor ce crea doar presiune într-o butelie, presiunea împingând apa în exteriorul buteliei printr-un orificiu atunci când era deschis) ce punea în funcțiune o pompă pentru scos apa din galerii, sau era montat pe vehiculele pompierilor având rolul de a pompa apa destinată stingerii focului (a se urmări figura 3).

Thomas Newcomen (1664-1729) a realizat varianta comercială a pompei cu aburi (vezi figura 4), iar inginerul James Watt (1736-1819) realizează și adaptează un regulator de turație ce îmbunătățește net motorul cu aburi.

J. Watt - 1763 a perfecționat mult mașinile realizate până atunci reducând pierderile de căldură și de energie din cazanele cu abur alimentate cu cărbuni (în figura 5 se poate vedea motorul cu aburi original al lui James Watt, invenție ce avea să schimbe fața lumii, concepută în 1769 și îmbunătățită în 1774). Mașina cu abur inventată de Watt a beneficiat mai târziu de alte 3 invenții franceze: cazanul cu tubulatură al lui M. Seguin - 1817, manometrul lui E. Bourdon - 1849, și injectorul lui T. Gifford - 1858.

Motorul cu aburi a permis amplasarea fabricilor nu numai în vecinătatea cursurilor de apă ci și acolo unde era nevoie de produsele lor - centre comerciale, orașe (Prima aplicație practică a fost în mine, a urmat industria bumbacului, a berii etc. A circulat din Marea Britanie, în vestul continentului și apoi în secolele XIX - XX în întreaga lume).

James Watt s-a născut în localitatea Greenock din Scoția. Studiile și le-a terminat la Londra, Anglia, începând și activitatea de fabricant de instrumente matematice (1754). A revenit pe plaiurile natale, în Glasgow, Scoția. A fost fabricantul de instrumente matematice folosite de Universitatea din Glasgow.

Fig. 5 Motorul cu abur al lui James Watt, 1774

Fig. 6 Motorul cu abur orizontal pentru locomotive al lui James Watt, 1784

Fig. 7 Motorul cu abur îmbunătățit al lui James Watt.

Aici i s-a oferit ocazia (destinului) să repare o mașină cu abur, de unde i-a încolțit ideea ameliorării acesteia; astfel au apărut "camera separată de condensare a aburului" (1769) și "regulatorul de turație al mașinii cu abur" (1788). La mașina sa inventată în 1769, aburii treceau într-o cameră separată pentru condensare. Deoarece cilindrul nu era încălzit și răcit alternativ, pierderile de căldură ale mașinii erau relativ scăzute. De asemenea, mașina lui Watt era mai rapidă, pentru că se puteau admite mai mulți aburi în cilindru odată ce pistonul se întorcea în poziția inițială. Aceasta și alte îmbunătățiri concepute de Watt au făcut ca mașina cu aburi să poată fi folosită într-o gamă largă de aplicații.

Ulterior se mută în Anglia la Birmingham. Aici se înscrie într-un club, "Lunar Society", care - în ciuda numelui înșelător - era de fapt un club științific format din inventatori. Multe din originalele lucrărilor sale se găsesc la "Birmingham Cultural Library" (Biblioteca Centrală din Birmingham).

James Watt, împreună cu un industriaș britanic, Matthew Boulton, reușesc să creeze o întreprindere de fabricare a ceea ce se numea mașina cu abur a lui Watt, îmbunătățită (1774). Tot aici va realiza, împreună cu un alt inventator scoțian William Murdoch, un angrenaj de convertire a mișcării verticale în mișcare de rotație (1781). Ulterior, a mai realizat o mașină cu dublă acțiune (1782).

Cea mai mare realizare a sa este considerată a fi brevetarea în anul 1784 a locomotivei cu abur (vezi figura 6). Practic putem considera că în acel an, 1784, s-a născut transportul pe calea ferată.

Interesant este faptul că primul motor cu aburi al lui Watt (prima variantă din 1769) a fost preluată de inginerul francez Nicolas Joseph Cugnot și adaptată original (vezi figura 8) pentru a fi utilizată chiar în același an (1769) la construirea primului vehicul (autovehicul), destinat inițial transportului de militari și armament, dar și tractării de armament greu, tunuri grele. Viteza maximă a acestui prim autovehicul (varianta îmbunătățită, vezi figura 9) la sarcină maximă (patru militari în vehicul plus tunuri grele tractate, care să nu depășească 4t) era de 5 km pe oră, iar la o încărcătură pe jumătate atingea pe drumuri uscate 8,5 km/h.

Prima locomotivă cu aburi, funcțională pe calea ferată, a fost construită plecând tot de la modelul lui Watt, de inginerul britanic George Stephenson (1781–1848), abia în anul 1814 (vezi figura 10).

Robert Fulton (căruia i se atribuie incorect construcția sau și construcția primelor nave motorizate 1803-1807) poate fi creditat a fi fost autorul planurilor și constructorul efectiv (1798) al primului submarin funcțional, comandat de Napoleon Bonaparte, denumit Nautilus, care a fost testat în anul 1800 (vezi figura 11) în Franța de însuși Fulton împreună cu trei mecanici, scufundându-se până la adâncimea de 25 picioare.

Fig. 8 Autovehiculul lui Cugnot, creat în 1769; aici se prezintă modelul îmbunătățit

Fig. 9 Motorul Cugnot, 1769

Fig. 10 Locomotiva George Stephenson, 1814

Fig. 11 Submarinul Nautilus al lui Fulton, construit în 1798 și testat în anul 1800.

Împreună cu fabricantul Mathiew Boulton, inginerul scoțian James Watt construiește primele motoare navale cu aburi (fig. 7) și în mai puțin de o jumătate de secol, vântul ce asigurase mai bine de 3000 de ani forța de propulsie pe mare mai umfla acum doar pânzele navelor de agrement.

În 1785 intră în funcțiune, prima filatură acționată de forța aburului, urmată rapid de alte câteva zeci.

Dezvoltarea motoarelor navale, pentru trenuri, autovehicule, cât și cea a motoarelor pentru țesătorii automate, au dus și la dezvoltarea industriei siderurgice europene și americane (iar mai apoi și a celei mondiale).

Este remarcabil faptul că primul vehicul motorizat (echipat cu un motor termic cu aburi) a fost un autovehicul, au urmat apoi un submarin, diverse nave și la urmă trenurile. Motoarele cu aburi au mai fost utilizate (și mai sunt folosite chiar și în prezent) ca motoare termice staționare în uzine, acționând pompe, reductoare și mașini unelte.

Unul dintre cele mai vechi motoare cu aburi utilizate (inclusiv la locomotive), adaptat prima dată tot de Watt, este „motorul cu abur cu trei rezervoare de expansiune" (vezi figura 12).

Nu doar că s-au mai păstrat unele motoare de acest gen, dar ele au început să fie reutilizate, datorită poluării reduse produse de ele, și a randamentului bun realizat. Dezavantajul lor principal, pentru care aproape că au dispărut în „epoca combustibililor de culoare neagră" (dominată de petrol), era lipsa de compactitate. Un avantaj al lor este însă faptul că așa cum au și debutat, ele pot folosi diverși combustibili, putând fi utile pentru a diminua consumul de produse petroliere, și rămânând în viață chiar și atunci când petrolul se va diminua, până la dispariția sa.

Fiind motoare cu ardere externă, ele pot fi adaptate pentru a folosi diverși combustibili, cum ar fi biocombustibilii, alcoolii, hidrogenul, uleiurile vegetale, din semințe, din soia, din alune, sau extrase din diverse plante, ori biocombustibilii extrași din alge marine și oceanice, etc. Nu mai e nevoie să hrănim acești „cai putere nobili" doar cu cărbuni de proastă calitate, și să spunem apoi că aceste motoare scot fum „urât mirositor" (cărbunele a reprezentat un combustibil poluant al planetei).

Hai să ne imaginăm, aceste „bunicuțe și bunici" modernizați, să ne imaginăm aceste motoare „scoase de la naftalină", lustruite frumos, redesenate pe principii moderne, redimensionate la combustibili moderni (compactizate), construite din materiale moderne (ceramice, super metale, aliaje speciale, etc.), și să ne gândim la faptul că ele pot deveni o sursă reală alternativă de transport, de motorizare, chiar și atunci când petrolul nu va mai fi, alături de motoarele electrice moderne, alături de motoarele cu ardere internă pe hidrogen, împreună cu celelalte tipuri de motoare termice cu ardere externă (Stirling).

Mai putem să ne imaginăm apa încălzită până la starea de vapori cu ajutorul unor rezistențe electrice moderne, prin inducție, cu microunde, sau diverse mijloace moderne, utilizând energia electrică solară, captată și stocată în acumulatori moderni. Rezultatul..., motoare termice puternice, robuste, dinamice, compacte, fără noxe, fără petrol, fără fum, lucrând cu randamente ridicate (nu doar mecanice ci și termice).

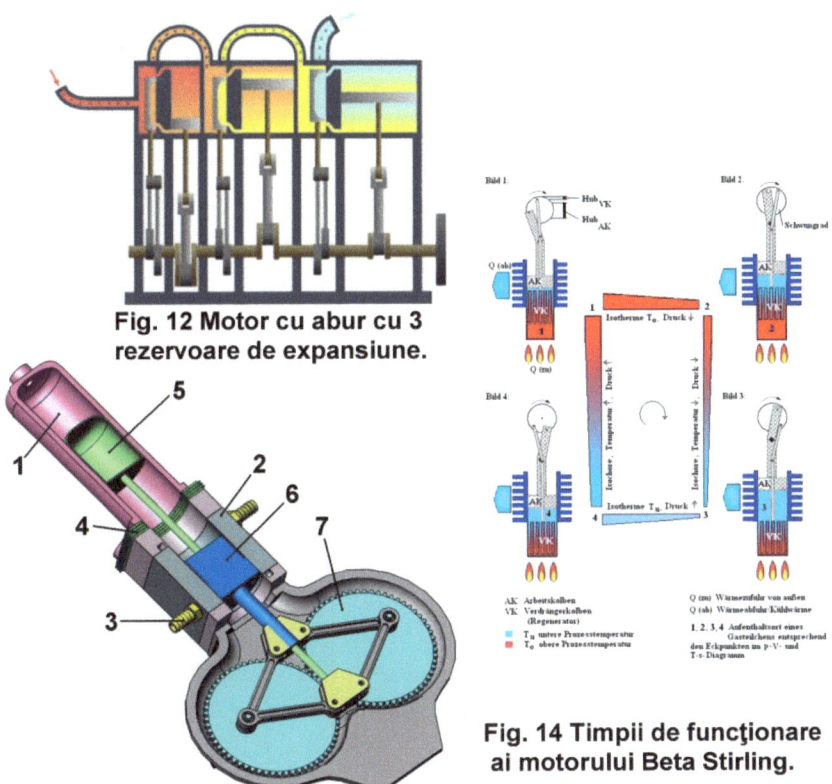

Fig. 12 Motor cu abur cu 3 rezervoare de expansiune.

Fig. 14 Timpii de funcționare ai motorului Beta Stirling.

Fig. 13 Motor Stirling de tip Beta.

1.3. Motoarele cu ardere externă de tip Stirling

Tot în acest context se înscriu și motoarele Stirling moderne.

În figura 13 se poate vedea secțiunea unui **motor** de tip **Beta Stirling cu mecanism de bielă rombic**.

[1 – peretele fierbinte al cilindrului, 2 (cenușiu închis) - peretele rece al cilindrului (cu 3 - racorduri de răcire), 4 – izolație termică ce separă capetele celor doi cilindri, 5 – piston de refulare, 6 – piston de presiune, 7 -volanți; Nereprezentate: sursa exterioară de energie și radiatoarele de răcire. În acest desen pistonul de refulare este utilizat fără regenerator.]

Un motor de tip Beta Stirling are un singur cilindru în care sunt așezate un piston de lucru și unul de refulare montate pe același ax. Pistonul de refulare nu este montat etanș și nu servește la extragerea de lucru mecanic din gazul ce se dilată, el având doar rolul de a vehicula gazul de lucru între schimbătorul de căldură cald și cel rece. Când gazul de lucru este împins către capătul cald al cilindrului, se dilată și împinge pistonul de lucru. Când este împins către capătul rece, se contractă și momentul de inerție al motorului, de obicei mărit cu ajutorul unui volant, împinge pistonul de lucru în sensul opus, pentru a comprima gazul. Spre deosebire de tipul Alfa în acest caz se evită problemele tehnice legate de inelele de etanșare de la pistonul cald. Cei patru timpi de funcționare a motorului Beta Stirling se pot vedea în figura 14.

Un model Alfa Stirling poate fi urmărit în figura 15.

Un motor de tip Alfa Stirling conține două pistoane de lucru, unul cald și altul rece, situate separat în câte un cilindru. Cilindru pistonului cald este situat în interiorul schimbătorului de căldură de temperatură înaltă, iar cel al pistonului rece în schimbătorul de căldură de temperatură scăzută. Acest tip de motor are o putere litrică foarte mare dar prezintă dificultăți tehnice din cauza temperaturilor foarte mari din zona pistonului cald și a etanșării sale. Funcționarea motorului Alfa Stirling poate fi descrisă în patru timpi:

Timpul 1: Cea mai mare parte a gazului de lucru este în contact cu peretele cilindrului cald; ca urmare se încălzește mărindu-și volumul și împingând pistonul spre capătul cilindrului. Dilatarea continuă și în cilindrul rece al cărui piston are o mișcare defazată cu 90° față de pistonul cilindrului cald, însoțită de extragere în continuare de lucru mecanic.

Timpul 2: Gazul de lucru a ajuns la volumul maxim. Pistonul în cilindrul cald începe să împingă cea mai mare parte din gaz în cilindrul rece unde pierde din temperatura acumulată și presiunea scade.

Timpul 3: Aproape toată cantitatea de gaz este în cilindrul rece și răcirea continuă. Pistonul rece, acționat de momentul de inerție al volantului sau o altă pereche de pistoane situate pe același arbore comprimă gazul.

Timpul 4: Gazul ajunge la volumul minim și pistonul din cilindrul cald va permite vehicularea spre acest cilindru unde va fi încălzit din nou și va începe cedarea de lucru mecanic către pistonul de lucru.

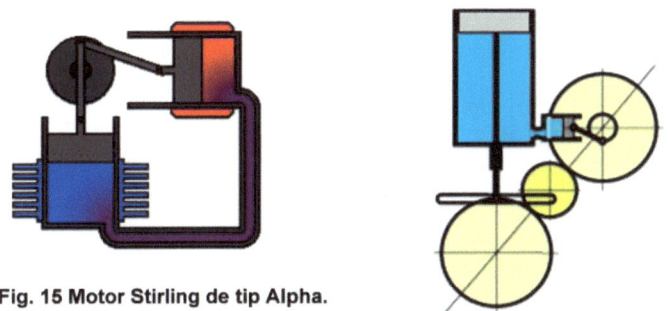

Fig. 15 Motor Stirling de tip Alpha.

Fig. 16 Motor Stirling de tip Gamma.

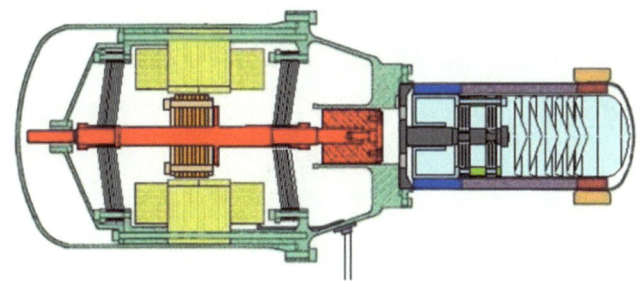

Fig. 17 Motor Stirling cu piston liber.

Modelul Gamma Stirling poate fi urmărit în figura 16.

Un motor de tip Gama Stirling este un Beta Stirling la care pistonul de lucru este montat într-un cilindru separat alăturat de cilindrul de refulare, dar este conectat la același volant. Gazul din cei doi cilindri circulă liber între aceștia. Această variantă produce o rată de compresie mai mică dar este constructiv mai simplă și adeseori este utilizat în motoare Stirling cu mai mulți cilindri (în fig. 18 este prezentat un 4 cilindrii alfa-Stirling cu randament ridicat, puterea, turația și cuplul fiind mari, iar acționarea făcându-se prin arderea simultană a patru lumânări).

„Pasionații de motoare Stirling să-și facă obligatoriu o rezervă de lumânări!"

Fig. 18. *Motor Stirling cu mai mulți cilindrii*

Funcționarea motorului Gama Stirling:

Timpul 1: În timpul acestei faze pistonul de lucru efectuează o cursă minimă, volumul total este minim. În schimb pistonul de refulare efectuează o cursă lungă și gazul de lucru se încălzește.

Timpul 2: Pistonul de refulare are o cursă scurtă, pe când pistonul de lucru efectuează mai mult de 70 % din cursa sa totală. El generează energie mecanică.

Timpul 3: Pistonul de refulare efectuează cea mai mare parte din cursa sa: gazul este răcit. Pistonul de lucru are o cursă scurtă.

Timpul 4: Pistonul de refulare rămâne în partea superioară a cilindrului: gazul este complet răcit. Față de acesta pistonul de lucru parcurge cea mai mare parte a cursei sale: comprimă gazul și cedează lucru mecanic în acest scop.

Un domeniu deosebit îl reprezintă **motoarele Stirling "cu piston liber"**, între care se enumeră şi cele cu piston lichid şi cele cu diafragmă (vezi figura 17).

1.3.1. Descrierea motoarelor Stirling

În procesul de transformare a energiei termice în lucru mecanic, dintre maşinile termice cunoscute, motorul Stirling este cel care poate atinge cel mai mare randament (teoretic până la randamentul maxim al ciclului Carnot), cu toate că în practică acesta este redus de proprietăţile gazului de lucru şi a materialelor utilizate cum ar fi coeficientul de frecare, conductivitatea termică, punctul de topire, rezistenţa la rupere, deformarea plastică etc. Acest tip de motor poate funcţiona pe baza unei surse de căldură indiferent de calitatea acesteia, fie ea energie solară, chimică, nucleară, biologic, etc.

Spre deosebire de motoarele cu ardere internă, motoarele Stirling pot fi mai economice, mai silenţioase, mai sigure în funcţionare şi cu cerinţe de întreţinere mai scăzute. Ele sunt preferate în aplicaţii specifice unde se valorifică aceste avantaje, în special în cazul în care obiectivul principal nu este minimizarea cheltuielilor de investiţii pe unitate de putere (RON/kW) ci a celor raportate la unitatea de energie (RON/kWh). În comparaţie cu motoarele cu ardere internă de o putere dată, motoarele Stirling necesită cheltuieli de capital mai mari, sunt de dimensiuni mai mari şi mai grele, din care motiv, privită din acest punct de vedere această tehnologie este necompetitivă. Pentru unele aplicaţii însă, o analiză temeinică a raportului cheltuieli-câştiguri poate avantaja motoarele Stirling faţă de cele cu ardere internă.

Mai nou avantajele motorului Stirling au devenit vizibile în comparaţie cu creşterea costului energiei, lipsei resurselor energetice şi problemelor ecologice cum ar fi schimbările climatice. Creşterea interesului faţă de tehnologia motoarelor Stirling a impulsionat cercetările şi dezvoltările în acest domeniu în ultima perioadă. Utilizările se extind de la instalaţii de pompare a apei la astronautică şi producerea de energie electrică pe bază de surse bogate de energie incompatibile cu motoarele de ardere internă cum sunt energia solară, sau resturi vegetale şi animaliere.

O altă caracteristică a motoarelor Stirling este reversibilitatea lor. Acționate mecanic, pot funcționa ca pompe de căldură. S-au efectuat încercări utilizând energia eoliană pentru acționarea unei pompe de căldură pe bază de ciclu Stirling în scopul încălzirii și condiționării aerului pentru locuințe pe timp friguros.

1.3.2. Istoric

Mașina cu aer a lui Stirling (cum a fost denumită în cărțile din epoca respectivă) a fost inventată de clericul Dr. Robert Stirling și brevetat de el în anul 1816. Data la care s-a încetățenit denumirea simplificată de motor Stirling nu este cunoscută, dar poate fi estimată spre mijlocul secolului XX când compania Philips a început cercetările cu fluide de lucru altele decât aerul (în instrucțiunile de utilizare MP1002CA este încă denumită ca 'motor cu aer'). Tema principală a brevetului se referea la un schimbător de căldură pe care Stirling l-a denumit "economizor" pentru că poate contribui la economisirea de carburant în diferite aplicații. Brevetul descria deci în detaliu utilizarea unei forme de economizor într-o mașină cu aer, care în prezent poartă denumirea de regenerator. Un motor construit de Stirling a fost utilizat la o carieră de piatră pentru pomparea apei în anul 1818. Brevetele ulterioare ale lui Robert Stirling și ale fratelui său, inginerul James Stirling, se refereau la diferite îmbunătățiri aduse construcției mașinii originale, printre care ridicarea presiunii interne ceea ce a condus la creșterea semnificativă a puterii, astfel încât în anul 1845 s-au putut antrena toate utilajele topitoriei de oțel din Dundee.

Pe lângă economisirea de carburanți, inventatorii au avut în vedere și crearea unui motor mai sigur decât motorul cu abur la care în aceea vreme cazanul exploda ușor (din cauza materialelor de proastă calitate și a diferitelor tehnologii de atelier utilizate la vremea respectivă), adeseori cauzând accidente, și chiar pierderi de vieți omenești.

Cu toate acestea obținerea unui randament mult mai ridicat cu motoare Stirling, posibil prin asigurarea de temperaturi foarte mari, a fost limitată multă vreme de calitatea materialelor disponibile la acel moment, iar cele câteva exemplare construite au avut o durată de viață redusă.

Defecțiunile din zona caldă a motorului au fost mai frecvente decât se putea accepta, totuși având urmări mai puțin dezastruoase decât explozia cazanului unei mașini cu aburi.

Cu toate că în cele din urmă a pierdut competiția cu mașina cu aburi în ceea ce privește locul de motor de acționare a utilajelor, la sfârșitul secolului XIX și începutului de secol XX, au fost fabricate în schimb un număr mare de motoare Stirling cu aer cald (diferența dintre cele două tipuri se estompează dacă în multe din ele generatorul este de eficiență îndoielnică sau lipsește), găsindu-și utilizare peste tot unde era nevoie de o putere medie sau mică dar sigură, cel mai adesea în pomparea apei. Acestea funcționau la temperaturi scăzute, ca urmare nu solicitau prea tare materialele disponibile, astfel încât deveneau destul de ineficiente, avantajele față de mașinile cu aburi fiind operarea simplă putând fi deservite de personalul casnic, și eliminarea pericolului unor posibile explozii periculoase. Cu trecerea timpului rolul lor a fost preluat de motoarele electrice sau de motoarele cu ardere internă, de mai mici dimensiuni, astfel că la sfârșitul anilor 1930 motorul Stirling a căzut în uitare, fiind doar o curiozitate tehnică reprezentată de câteva jucării și instalații de ventilație. În acest timp Philips, firma olandeză de componente electrice și electronice a început cercetări privitoare la acest tip de motor. Încercând să extindă piața pentru aparatele sale de radio în zonele unde nu exista rețea de energie electrică și alimentarea de la baterii cu durată de viață scurtă era nesigură, managementul firmei a concluzionat că era nevoie de un generator portabil de putere redusă, astfel că a însărcinat un grup de ingineri de la laboratoarele sale din Eindhoven cu cercetările. Studiind diferite motoare de acționare mai vechi și mai noi, au fost respinse pe rând pentru un motiv sau altul până ce alegerea a căzut tocmai pe motorul Stirling. Silențios din construcție, și neselectiv față de sursa de energie termică (petrolul lampant „ieftin și disponibil peste tot") motorul Stirling părea să ofere reale posibilități. Încurajați de primul lor motor experimental care producea o putere de 16 W la arbore la un cilindru cu diametrul de 30 mm și o cursă a pistonului de 25 mm, au pornit un program de dezvoltare.

În mod uimitor activitatea a continuat și în perioada celui de al doilea război mondial, astfel că la sfârșitul anului 1940 s-a finalizat motorul *Type 10* care era destul de performant pentru a putea fi cedat filialei Johan de Witt din Dordrecht pentru producția în serie în cadrul unui echipament pentru generarea energiei electrice conform planului inițial. Proiectul a fost dezvoltat cu prototipurile 102 A, B și C, ajungându-se la o putere de 200 W (energie electrică) la un cilindru cu diametrul de 55 mm și o cursă a pistonului de 27 mm la modelul *MP1002CA*.

Producția primului lot a început în anul 1951, dar a devenit clar că nu se putea produce la un preț acceptabil pe piață, lucru la care s-a adăugat apariția aparatelor radio cu tranzistor care aveau un consum mult mai redus (mergeau pe baterii sau miniacumulatori) ceea ce a făcut să dispară motivul inițial al dezvoltării. Cu toate că MP1002CA era o linie moartă, ea reprezintă startul în noua eră de dezvoltare a motoarelor Stirling (în termeni reali a fost un al doilea start, ratat, al motorului Stirling).

Datorită banilor investiți și a cercetărilor finalizate, Philips a dezvoltat motorul Stirling pentru o scară largă de aplicații, dar succes comercial a avut doar motorul Stirling în regim invers utilizat în tehnica frigului. De fapt utilizat invers, el nu mai este un motor Stirling ci o mașină de produs căldură (așa cum un motor cu ardere internă utilizat invers devine un simplu compresor, o pompă, etc).

Cu toate acestea (specialiștii de la Philips) au obținut o serie de brevete și au acumulat o cantitate mare de cunoștințe referitoare la tehnologia motoarelor Stirling, care ulterior au fost vândute ca licență altor firme.

1.3.3. Ciclul motor

Deoarece ciclul motorului Stirling este închis, el conține o cantitate determinată de gaz numit "fluid de lucru", de cele mai multe ori aer, hidrogen sau heliu. La o funcționare normală motorul este etanșat și cu interiorul lui nu se face schimb de gaz.

Un avantaj foarte mare al său față de alte tipuri de motoare este acela că nu sunt necesare supape (nu necesită unul sau mai multe mecanisme de distribuție, care la motoarele de tip Otto sau Diesel, răpesc de la 10 până la 25% din puterea motorului, produc vibrații și zgomote în funcționare, măresc gabaritul final al motorului, produc de multe ori zgomote caracteristice, mai mari la motoarele de tip Diesel, cunoscute de specialiști sub numele de bătăi, sau țăcănit de tacheți, deși se datorează mai mult mecanismului culbutor; mecanismele de distribuție, deși sunt construite solide au toate în lanțul lor cinematic elemente cu elasticitate foarte mare, care determină în funcționare deformații mari, făcând ca funcționarea dinamică să sufere mult).

Schimbul de gaze al motoarelor cu ardere internă, prin supape, sau ferestre, produce pierderi suplimentare de putere, vibrații și zgomote suplimentare, cât și noxe mai mari, din acest punct de vedere motorul Stirling fiind net superior.

Chiar lipsa acestor schimburi de gaze cu mediul exterior, asigură la motoarele Stirling un randament mai mare, o poluare mult limitată, un pericol mult mai mic de incendiu sau explozie, comparativ cu motoarele cu ardere internă sau cu cele cu ardere externă cu aburi, cât și o etanșeitate mult sporită care le permite funcționarea mult mai sigură chiar și în medii toxice, chimice, nucleare, marine, subacvatice, umede, inflamabile, cosmice, necunoscute, nesigure.

Gazul din motorul Stirling, asemănător altor mașini termice, parcurge un ciclu format din 4 transformări (timpi): încălzire, destindere, răcire și compresie. Ciclul se produce prin mișcarea gazului înainte și înapoi între schimbătoarele de căldură cald și rece.

Schimbătorul de căldură cald este în contact cu o sursă de căldură externă de exemplu un arzător de combustibil, iar schimbătorul de căldură rece este în legătură cu un radiator extern de exemplu radiator cu aer. O schimbare intervenită în temperatura gazului atrage după sine modificarea presiunii, în timp ce mișcarea pistonului contribuie la compresia și destinderea alternativă a gazului.

Comportarea fluidului de lucru este conformă legilor gazelor perfecte care descriu relația dintre presiune, temperatură și volum. Gazul fiind în spațiu închis, la încălzire se va produce o creștere de presiune care va acționa asupra pistonului de lucru cauzând deplasarea acestuia. La răcirea gazului presiunea scade, deci va fi nevoie de mai puțin lucru mecanic pentru comprimarea lui la deplasarea pistonului în sens invers, rezultând un excedent de energie mecanică.

Multe motoare Stirling performante sunt presurizate, adică presiunea medie din interior este mai mare decât cea atmosferică. Astfel masa fluidului de lucru este mai mare, ca urmare cantitatea de energie calorică vehiculată, deci și puterea motorului va fi mai mare. Creșterea presiunii atrage și alte modificări cum ar fi mărirea capacității schimbătoarelor de căldură precum și cea a regeneratorului. Aceasta la rândul ei poate mări spațiile neutilizate precum și rezistența hidrodinamică cu efect negativ asupra puterii dezvoltate. Construcția motorului Stirling este astfel o problemă de optimizare inginerească a mai multor cerințe de multe ori contradictorii.

Experiențele cu aer sub presiune au fost cele care au condus firma Philips la trecerea de la aer la alte gaze ca fluid de lucru. La temperaturi mari, oxigenul din aer avea tendința de a reacționa cu lubrifianții motorului, aceștia fiind îndepărtați de pe segmenții de etanșare, colmatând schimbătoarele de căldură și prezentând chiar în timp pericol de explozie. Ulterior s-a constatat că anumite gaze cum ar fi hidrogenul și heliul prezintă și alte avantaje vizavi de aer.

Fig. 19. *Un ansamblu motor Stirling generator electric cu o putere nominală de 55 kW, pentru utilizare combinată ca sursă de căldură și energie electrică*

Dacă un capăt al cilindrului este deschis, funcționarea este puțin diferită. În momentul în care volumul închis între piston și cilindru se încălzește, în partea încălzită se produce dilatarea, mărirea presiunii, care are ca rezultat mișcarea pistonului. La atingerea suprafeței reci, volumul gazului se reduce rezultând reducerea presiunii sub valoarea presiunii atmosferice și astfel se produce mișcarea pistonului în sens invers.

În concluzie, motorul Stirling utilizează diferența de temperatură dintre cele două zone, cea caldă și cea rece, pentru a crea un ciclu de dilatare-contractare a unui gaz de masă dată în interiorul unei mașini pentru conversia energiei termice în lucru mecanic. Cu cât este mai mare diferența între temperaturile celor două zone, cu atât mai mare este randamentul ciclului său.

Generatoare puternice staționare sau mobile (fig. 19) sunt construite astăzi cu ajutorul motoarelor Stirling, care acționează un generator electric, putându-se obține astfel și căldură și curent electric, în locuri izolate, în spitale, în uzine, hoteluri, instituții, etc, fie atunci când sunt izolate, fie ca o rezervă în cazul căderii curentului în anumite situații speciale (incidente, cutremure, furtuni, inundații, defectarea rețelei electrice sau căderea unui transformator, etc).

Mici motoare experimentale (fig. 20) au fost construite pentru a funcționa la diferențe de temperatură mici, de până la 7 °C care apar de exemplu între palma mâinii și mediul înconjurător sau între temperatura camerei și temperatura de topire a gheții.

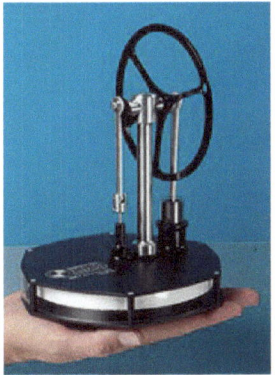

Fig. 20. *Un motor Stirling care funcționează cu diferențe mici de temperatură, cum ar fi diferența dintre temperatura ambiantă și cea a mâinii unui om sau a unei bucăți de gheață*

1.3.4. Regeneratorul

Regeneratorul a fost elementul cheie inventat de Robert Stirling și prezența sau lipsa lui face deosebirea dintre adevăratul motor Stirling și o altă mașină de aer cald. În baza celor spuse, multe motoare care nu au un regenerator vizibil cu mici rezerve pot fi categorisite ca motoare Stirling în sensul că la versiunile beta şi gama cu piston de refulare fără segmenţi, acesta şi suprafaţa cilindrului fac un schimb termic periodic cu gazul de lucru asigurând un oarecare efect de recuperare. Această rezolvare se regăseşte adesea la modele de mici dimensiuni şi de tip LTD unde pierderile de flux suplimentare şi volumele neutilizate pot fi contraproductive, iar lipsa regeneratorului poate fi chiar varianta optimă.

Într-un motor Stirling regeneratorul reţine în interiorul sistemului termodinamic o parte din energia termică la o temperatură intermediară care altfel ar fi schimbată cu mediul înconjurător, ceea ce va contribui la apropierea eficienţei motorului de cea a ciclului Carnot lucrând între temperaturile maximă şi minimă.

Regeneratorul este un fel de schimbător de căldură în care fluidul de lucru îşi schimbă periodic sensul de curgere – a nu se confunda cu un schimbător de căldură în contracurent în care două fluxuri separate de fluid circulă în sensuri opuse de o parte şi de alta a unui perete despărţitor.

Scopul regeneratorului este de a mări semnificativ eficienţa prin „reciclarea" energiei termice din ciclu pentru a micşora fluxurile termice din cele două schimbătoare de căldură, adeseori permiţând motorului să furnizeze o putere mai mare cu aceleaşi schimbătoare de căldură.

Regeneratorul este în mod obişnuit constituit dintr-o cantitate de fire metalice, de preferinţă cu porozitate scăzută pentru reducerea spaţiului neutilizat, cu axa plasată perpendicular pe direcţia fluxului de gaz, formând o umplutură de plase. Regeneratorul este situat în circuitul gazului între cele două schimbătoare de căldură. În timpul vehiculării gazului între schimbătorul de căldură cald şi cel rece, 90% din energia sa termică este temporar transferată la regenerator, sau recuperată de la el.

Regeneratorul reciclează în principal căldura neutilizată ceea ce reduce fluxurile de energie termică transmise de cele două schimbătoare de căldură.

Apare necesitatea renunţării la unele avantaje în favoarea altora mai ales la motoarele cu putere litrică (raport dintre putere şi cilindree) mare (motoare HTD), astfel regeneratorul va trebui proiectat cu grijă pentru a obţine **un transfer de căldură mare** la **pierderi mici datorate rezistenţelor hidrodinamice** şi un *spaţiu neutilizat cât* *mai redus*. La fel ca la schimbătoarele de căldură cald și rece, realizarea unui regenerator performant este o problemă de optimizare între cele *trei cerințe* mai sus amintite.

1.3.5. Bazele teoretice

Ciclul Stirling ideal (figura 21) este un ciclu termodinamic cu două izocore și două izoterme. Este ciclul termodinamic cel mai eficient realizabil practic cunoscut până în prezent, eficiența sa teoretică egalând-o pe cea ipotetică a unui ciclu Carnot (ideal). Cu toate acestea problemele de ordin tehnic care apar reduc eficiența în realizarea lui (practică) – construirea unui mecanism mai simplu fiind mai avantajoasă, comparativ cu posibilitatea realizării unui ciclu cât mai apropiat celui teoretic.

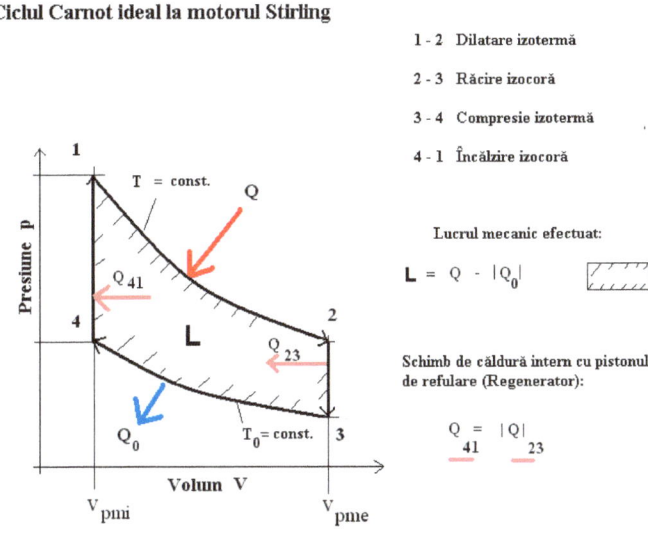

Fig. 21. *Diagrama p-V a proceselor (transformărilor) unui motor Stirling*

Gazul de lucru este supus unui ciclu de dilatări și comprimări succesive, compus din două transformări izoterme și două transformări izocore.

Se utilizează următoarele prescurtări (notații), (1):

Q = cantitatea de căldură $[J]$

L = lucru mecanic efectuat $[J]$

n = masa gazului $[mol]$

C_v = capacitate a calorică molară la $v = cst.\left[\dfrac{J}{mol \cdot K}\right]$ (1)

R = const. universală a gazului $\left[\dfrac{J}{mol \cdot K}\right]$

T, T_0 = temperatura superioară si inferioară $[K]$

$V_2 = V_3$ = volumul în punctul mort superior $[m^3]$

$V_1 = V_4$ = volumul în punctul mort inferior $[m^3]$

Timp 1 1-2 pe grafic este o destindere izotermă (la temperatură constantă) în cursul căreia gazul efectuează lucru mecanic asupra mediului. Căldura absorbită Q și lucrul mecanic efectuat L_{12} sunt legate prin formula (2):

$$Q_{12} = L_{12} = n \cdot R \cdot T \cdot \ln \frac{V_2}{V_1} \qquad (2)$$

Timp 2 2-3 pe grafic este o răcire izocoră (la volum constant) în cursul căreia prin cedare de căldură către regenerator gazul este adus în starea inițială. Căldura cedată se determină cu formula (3):

$$Q_{23} = n \cdot C_v \cdot (T - T_0) \qquad (3)$$

Timp 3 3-4 pe grafic este o comprimare izotermă (se petrece permanent la temperatură constantă) în cadrul căreia lucrul mecanic necesar modificării volumului L_{34} este egal cu căldura cedată, Q_0 (relația 4).

$$Q_0 \equiv Q_{34} = L_{34} = n \cdot R \cdot T_0 \cdot \ln \frac{V_3}{V_4} \qquad (4)$$

Timp 4 4-1 pe grafic este o încălzire izocoră (are loc la volum constant) în cursul căreia căldura absorbită în timpul 2 de către regenerator este cedată (restituită) gazului (relația 5), valoarea acesteia fiind:

$$Q_{41} = n \cdot C_v \cdot (T - T_0) \qquad (5)$$

Bilanț energetic

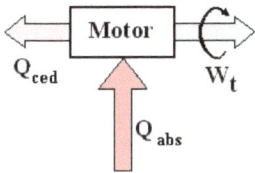

Fig. 22. *Bilanțul energetic*

Lucrul mecanic util apare în diagrama p-V din figura 21, el reprezentând aria sau suprafața închisă de curba ciclului, pe când într-o diagramă T-s (entropie-temperatură) el ar apare ca un rezultat al diferenței dintre energia calorică absorbită și cea cedată, fiind cel care produce puterea utilă W_t (figura 22). Lucrul mecanic util este reprezentat și în bilanțul energetic din schița de mai sus (figura 22), (relația 6).

$$\begin{cases} Q = Q_0 + L \\ L = Q_{abs} - Q_{ced} = Q - Q_0 \end{cases} \qquad (6)$$

Utilizând formulele de mai sus pentru Q și Q_0 lucrul mecanic util capătă forma din relațiile 7:

$$\begin{cases} L = n \cdot R \cdot T \cdot \ln\left(\dfrac{V_2}{V_1}\right) - n \cdot R \cdot T_0 \cdot \ln\left(\dfrac{V_3}{V_4}\right) \\ \Rightarrow L = n \cdot R \cdot \left(T \cdot \ln\left(\dfrac{V_2}{V_1}\right) - T_0 \cdot \ln\left(\dfrac{V_3}{V_4}\right)\right) \\ \dfrac{V_2}{V_1} = \dfrac{V_3}{V_4} = \dfrac{V_{pme}}{V_{pmi}} \Rightarrow \\ L = n \cdot R \cdot \ln\left(\dfrac{V_{pme}}{V_{pmi}}\right) \cdot (T - T_0) \end{cases} \quad (7)$$

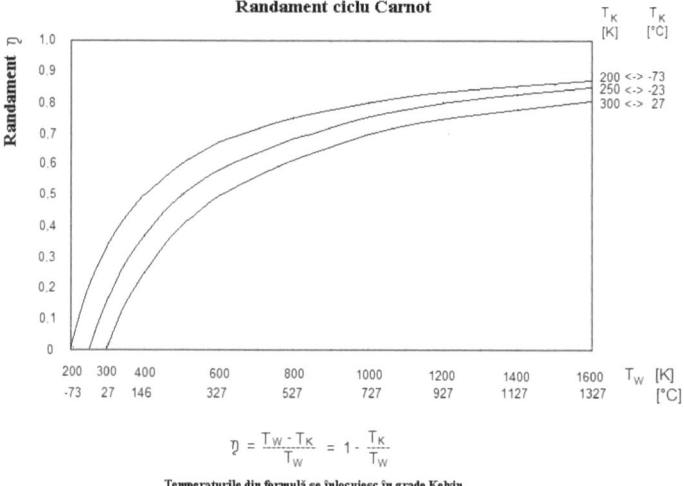

Fig. 23. *Randamentul ciclului Carnot în funcție de temperatura T*

Punctul slab declarat al motoarelor Stirling îl reprezintă randamentul ciclului energetic (randamentul ciclului Carnot). În principiu motoarele Stirling nu pot atinge un randament Carnot înalt (vezi figura 23), deoarece temperatura de lucru maximă este limitată de temperatura sursei calde. În practică gazul de lucru nu poate fi încălzit peste temperatura de 800 [^{0}K] (527 [^{0}C]). La aceste diferențe de temperatură mici randamentul Carnot este de cca 66 % și se situează astfel mult sub cel al motoarelor cu ardere internă uzuale. Motoarele cu ardere internă ating frecvent temperaturi de 727 [^{0}C] (1000 [^{0}K]), pentru care randamentul energetic al ciclului Carnot este de circa 76%.

Această problemă se manifestă și la termocentralele dotate doar cu turbine cu abur, pe partea de producere a curentului electric, care ating 66 % din randamentul lor Carnot, rezultând un randament efectiv de puțin peste 40 %. Motoarele Stirling actuale ating 50-60 % din randamentul lor Carnot, și lucrează cu un randament efectiv corespunzător mai mic.

1.3.6. Utilizări

Motoarele Stirling au astăzi diferite întrebuințări.

Motoarele Stirling sunt utilizate în mod deosebit în mediile naturale, neprielnice, în locurile izolate, etc.

Generatoare puternice staționare sau mobile (fig. 19) sunt construite astăzi cu ajutorul motoarelor Stirling, care acționează un generator electric, putându-se obține astfel și căldură și curent electric, în locuri izolate.

Teoretic orice diferență de temperatură va pune în funcțiune un motor Stirling. Sursa de căldură poate fi atât energia degajată prin arderea unui combustibil (ceea ce îndreptățește utilizarea termenului de motor cu ardere externă) cât și energia solară, geotermală, nucleară, sau chiar de origine biologică, caz în care motorul Stirling utilizat nu mai poate fi denumit motot termic cu ardere externă, ci motor termic cu utilizarea unei surse de energie externă. Așa cum am mai arătat deja el poate funcționa prin utilizarea unui gradient termic.

Acest gradient termic (diferență de temperatură) poate fi considerat în ambele sensuri (pozitiv sau negativ), astfel încât motoarele Stirling pot funcționa nu doar atunci când sursa externă de temperatură este mai caldă decât sursa internă (a mediului ambiant), ci și când aceasta este mai rece (decât temperatura mediului ambiant), fiind utilizată în acest scop gheață sau zăpadă. Sursa rece apare în locul unde se utilizează lichide criogenice sau gheață. Pentru a se putea genera puteri semnificative la diferențe mici de temperaturi este nevoie a se vehicula mari cantități de fluid prin schimbătorul de căldură extern, ceea ce va cauza pierderi suplimentare și va reduce randamentul ciclului. Deoarece sursa de căldură și gazul de lucru sunt separate printr-un schimbător de căldură, se poate apela la o gamă largă de surse de căldură inclusiv carburanți sau căldură reziduală rezultată din alte procese. Având în vedere că acestea nu intră în contact cu piesele interne în mișcare, motorul Stirling poate funcționa și cu biogaz cu conținut de siloxan, fără a exista pericolul acumulării de silicați cea ce ar deteriora componentele cum ar fi de altfel cazul la motorul cu combustie internă ce ar utiliza același tip de carburant. Durata de viață a lubrifianților este semnificativ mai mare decât la motorul cu ardere internă, cea ce constituie un alt avantaj semnificativ al motoarelor Stirling comparativ cu cele cu ardere internă.

La „U.S. Department of Energy in Washington, NASA Glenn Research Center" (din Cleveland), se studiază un motor cu piston liber (tip Stirling) pentru un generator pe bază de izotopi radioactivi. Acest dispozitiv va utiliza o sursă de căldură bazată pe plutoniu.

În cadrul „Los Alamos National Laboratory" s-a dezvoltat o "mașină termică Stirling cu unde acustice" fără elemente în mișcare. Această mașină transformă căldura în unde acustice de putere care (citat din sursa indicată) "pot fi utilizate direct în refrigeratoare cu unde acustice sau refrigeratoare cu tuburi de impuls pentru a produce frig prin intermediul unei surse de căldură fără a utiliza piese în mișcare, sau (...) pentru a genera curent electric cu ajutorul unui generator liniar sau un alt transformator de putere electroacustic".

Evident motorul Stirling este și aici utilizat pentru generarea de sau și de energie electrică, căldura care este utilizată ca sursă de energie putând a fi luată din diverse surse.

Pe baza acestui principiu putem astăzi să preluăm și transformăm căldura excesivă care apare ziua în nisipul de suprafață din zonele de deșert, în energie electrică. Zona rece fiind nisipul de la adâncime mai mare, sau chiar aerul din mediul înconjurător.

În deșert diferențele de temperatură sunt mai mari, deoarece nisipul de suprafață se încinge ziua, foarte mult.

Se cuvine în acest moment „să facem o mică paranteză" referitoare la deșertul Sahara (a se vedea fig. 24).

Fig. 24. *Deșertul Sahara – cel mai mare de pe Terra*

Sahara cu cele 9.000.000 km² este deșertul cel mai mare de pe Pământ. Sahara cuprinde o treime din Africa (adică aproximativ suprafața Statelor Unite ale Americii, sau de 26 ori mai mare decât suprafața Germaniei). Acest deșert uscat se întinde de la țărmul Oceanului Atlantic până la Marea Roșie, alcătuind un trapez cu o lungime a laturii de la est-vest de circa 1.500 - 2.000 km, iar la nord-sud cu o lungime a bazelor de 4.500 – 5.5000 km. Cea mai mare parte a pustiului este stâncoasă (Hamada) cu pietriș (Serir), pustiul de nisip (Erg) ocupând o suprafață mai redusă.

Denumirea **Sahara** provine din limba arabă - „Sahara" care în dialectal tuareg înseamnă „deșertul de nisip". O altă ipoteză este aceea că proveniența expresiei ar fi „sahraa" sau „es-sah-ra" care înseamnă sterp, steril. Romanii au numit ținutul din sudul provinciei Cartagina „Deserta" (adică ținut nelocuit, părăsit). În Evul Mediu era numit pur și simplu „Marele Deșert", iar în secolul al XIX-lea a primit denumirea de azi - „Sahara". Arabii denumesc Sahara „Bahr bela ma" ce ar însemna „Mare fără apă".

Deșertul Sahara ocupă aproape în întregime nordul Africii, extins pe 5630 km de la vest la est, respectiv de la Oceanul Atlantic și până la Marea Roșie, și pe 1930 km de la nord la sud, de la munții Atlas și țărmul Mării Mediterane și până în zona savanelor din regiunea Sudan.

În sens restrâns, se întinde în est numai până la Valea Nilului; deșertul de la est de Nil, până la Marea Roșie, este cunoscut sub numele de Deșertul Arabiei. Sahara ocupă mari porțiuni din statele Maroc, Algeria, Tunisia, Libia, Egipt, Mauritania, Mali, Niger, Ciad, Sudan și o mică parte din Senegal și Burkina Faso.

Clima este tropical-deșertică, cu temperaturi medii ridicate (38 °C), deosebit de fierbinte și uscată; vântul dominant tot timpul anului este vântul Pasat, un vânt uscat ce aduce ploi rare. Vântul și variațiile mari de temperatură de la zi la noapte au determinat formarea deșertului. Iarna, pe timpul nopții temperatura aerului scade până la -10 grade, pe când vara poate atinge în timpul zilei 58 de grade Celsius. Precipitațiile sunt reduse (20-200 mm/an) ***și au loc diferențe termice diurne foarte mari (30 °C în aer și 70 °C pe sol)***. Temperatura medie a lunii ianuarie este de +10 °C, iar a lunii iulie 35 °C. Lipsită de cursuri de apă permanente, rețeaua hidrografică este reprezentată prin ueduri (canale secetoase), care se umplu cu apă în timpul ploilor ocazionale.

Deșertul Sahara reprezintă un potențial energetic foarte mare (mai ales ziua, în lunile calde ale anului).

Iată că temperaturile de vară ale solului, ziua, ating frecvent 70 [^{0}C] (343 [^{0}K]), ceea ce ar permite la utilizarea unui motor de tip Stirling obținerea unui randament energetic de tip Carnot de circa 20-25%, adică o treime sau chiar aproape jumătate din randamentul maxim cu care lucrează aceste tipuri de motoare în mod normal.

Diferența de temperatură sol-aer de 30-40^0 mai scade puțin randamentul, dar utilizând diferența de temperatură dintre solul de suprafață și cel de la adâncime de circa 50^0, se poate obține un randament satisfăcător.

O montare efectivă a unui astfel de motor de tip Stirling, de mare putere, care să acționeze un generator de curenți electrici alternativi de înaltă frecvență, ar putea dona în zona deșertului, vara, pe timpul zilei, mult mai multă energie decât sistemele solare (centralele solare) care se montează în prezent în zonele respective, cu condiția supraîncălzirii permanente a zonei de sol (fie ea nisip, pietriș, sau stâncă) din care motorul respectiv își ia temperatura caldă, supraîncălzire ce se va face tot ca la uzinele solare moderne, prin oglinzi focalizate pe zona respectivă; în acest fel locul care trebuie să fie o sursă caldă va rămâne fierbinte în permanență pe timpul zilei (nefiind influențat de căldura preluată de motor), iar în plus nu numai că se va menține zona caldă dar ea va deveni chiar și mai caldă, fapt ce va determina creșterea randamentului Carnot, al motorului, de la 15-20%, la valori mult mai mari, cu atât mai mari cu cât temperatura nisipului va fi mai ridicată.

Această metodă permite obținerea de energie (electrică) pe timp de zi în orice anotimp, deci nu doar vara, și în plus ea poate fi practicată oriunde, nemaifiind necesară o zonă de deșert.

În zonele cu gheizăre naturale, putem lua căldura de la apa sau de la vaporii de apă supraîncălziți care țâșnesc la suprafață (figura 25), și să o utilizăm ca sursă caldă pentru motoare de tip Stirling.

Fig. 25. *Uzine termoelectrice cu gheizăre; gheizăre naturale*

„Think Nordic" o firmă ce produce automobile electrice în Norvegia, în colaborare cu inventatorul „Dean Kamen" lucrează, de mai mulți ani, la proiecte de instalare de motoare Stirling „Think City" (un alt tip de automobil "all-electric") care ar putea fi pus la punct de grupuri de cercetare reunite pentru introducerea lor (cu îmbunătățirile aferente) măcar, pentru început, pe piața Europeană.

Compania „MSI" lucrează la un cooler pentru răcirea componentelor de calculator bazat pe principiul motorului Stirling. Acesta folosește ca sursă de energie exterioară chiar căldura produsă de componentele electronice, căldură ce trebuie eliminată din sistem prin cooler; nu se consumă energie electrică, pentru acționarea unui astfel de cooler, și în acest fel se realizează un consum mai scăzut la computerul ce utilizează un astfel de sistem de răcire.

Motoarele de tip Stirling ar putea lucra și sub apă, dacă sunt bine etanșate, prezentând avantaje clare comparativ cu celelalte tipuri de motoare.

Ele sunt mai ușor de etanșat și întreținut sub apă, dar în plus, în anumite zone subacvatice, nu ar mai necesita nici energia de acționare, acționându-se singure pe baza gradientului de temperatură dintre doi curenți submarini, unul cald și altul rece, sau a diferenței de temperatură dintre un curent submarin cald ori rece și temperatura stâncii sau terenului în care e montat motorul.

Principiul pe care se construiesc noile uzine solare (a se vedea figura 26) este concentrarea luminii (energiei) solare cu ajutorul unor oglinzi pe un cazan cu apă montat într-un turn, cazan care se supraîncălzește.
Vaporii fierbinți de apă acționează un motor cu aburi care antrenează generatorul de curent electric.

Fig. 26. *Uzine solare moderne; de tip stadion, amfiteatru, sector circular*

În locul motorului cu aburi se poate monta cu succes un motor Stirling de mare putere.

Asemenea uzine pot lucra oriunde, în orice anotimp, pe perioada cât cerul este luminat (adică numai ziua), producând cantități mari de energie electrică curată, prietenoasă (nepericuloasă), regenerabilă (nu necesită combustibili sau alte materiale ce se pot epuiza în timp, razele solare regenerându-se în permanență), sustenabilă (sustenabilă în permanență, atâta timp cât soarele va dăinui), și ieftină, nemaifiind necesare panourile cu celule fotovoltaice, extrem de scumpe și dificil de realizat tehnologic, care aveau și pierderi mari de energie în momentul conversiei (realizau un randament mic al conversiei).

Și la motoarele cu aburi și în cazul utilizării unor motoare Stirling, randamentul ciclului energetic crește odată cu sporirea temperaturii, lucru ușor de realizat în cadrul unor astfel de uzine solare cu turn, prin creșterea suprafeței unei oglinzi, printr-o orientare (focalizare mai bună), sau prin ceșterea numărului de oglinzi reflectoare care preiau lumina soarelui și o reflectă asupra turnului.

La atingerea unei temperaturi de 1327 [^{0}C] când se poate obține un randament al ciclului energetic al motorului de circa 85%, este obligatoriu să ne oprim deoarece sporirea în continuare a temperaturii nu mai poate crește randamentul Carnot al motorului utilizat, randament ce intră pe un palier (a se revedea figura 23), în schimb suprasolicităm materialele din care este construit cazanul din turn, riscând chiar să le topim, sau să topim sudurile.

Motorul cu aburi nu poate să-și sporească foarte mult randamentul la ridicarea temperaturii, deoarece apa fierbe tot la 100 [^{0}C]. Motorul Stirling practic nu are nevoie de sporirea presiunii aburilor și nici nu prezintă riscul mare de explozie a cazanului, ca la motoarele cu aburi, el permițând utilizarea aerului cald, a altor gaze calde (hidrogen, heliu, etc) și poate chiar a unor lichide care pot fi altele decât apa și se pot afla în starea lor lichidă dar și mai ales în cea gazoasă, la temperaturi foarte ridicate de lucru.

Uzinele solare moderne sunt mult mai eficiente și mai curate comparativ nu doar cu energiile obținute clasic ci și față de energiile solare obținute cu panouri fotovoltaice, sau energiile eoliene. În plus uzinele eoliene nu se pot monta decât în locurile în care curenții de aer sunt foarte puternici în permanență (practic în foarte puține locuri de pe glob).

Așezat direct în focarul unei oglinzi parabolice, un motor Stirling poate fi utilizat ca generator de curent electric cu un randament mai bun decât panourile solare cu celule fotovoltaice simple și comparabil cu cel al panourilor solare cu celule fotovoltaice cu concentrator.

Pe data de 11 august 2005 Southern California Edison a făcut public un contract privind cumpărarea eșalonată pe 20 ani a 20000 bucăți de motoare Stirling acționate cu energie solară de la firma Stirling Energy Systems în scopul construirii unei centrale solare. Aceste sisteme vor fi montate pe o suprafață de 19 km^2 cu utilizarea de oglinzi parabolice capabile să se orienteze după soare și să concentreze lumina solară pe motoarele Stirling ce acționează generatoare de curent electric, cu o putere instalată totală de 500 MW.

Nu e nevoie neapărat să supraîncălzim un cazan foarte mare care să miște un motor uriaș, se pot construi multe motoare Stirling de putere medie fiecare, care să aibă o sursă de lumină focalizată undeva pe el în dreptul sursei permanent calde (schimbătorului de căldură ce donează căldură sistemului).

Un astfel de sistem (vezi figura 27) va avea montat pe el și un generator de curent electric. „O armată de astfel de sisteme" va genera permanent energie electrică în cantitate mare. Prețul de fabricație este mai ridicat dar costurile de montaj și întreținere sunt mai scăzute.

Aceste sisteme se pot monta în număr mare pe un teren având o suprafață considerabilă, caz în care se obține o adevărată uzină electrică modernă, sau pot fi distribuite la casele cu curte individual, în număr mai mic, un astfel de sistem într-o curte, eventual două-trei pentru o gospodărie mai mare.

În figura 27 se poate vedea un dispozitiv cu motor Stirling montat pe o oglindă parabolică în punctul ei focal, cu scopul de a mișca întregul ansamblu orientându-l după soare, pe parcursul întregii zile. Un astfel de dispozitiv cu motor Stirling în focar, poate doar să antreneze oglinda parabolică ce va îndeplini diverse funcții, sau poate fi și un minisistem cu antrenarea unui generator electric, generând permanent (numai în timpul zilei) energie electrică.

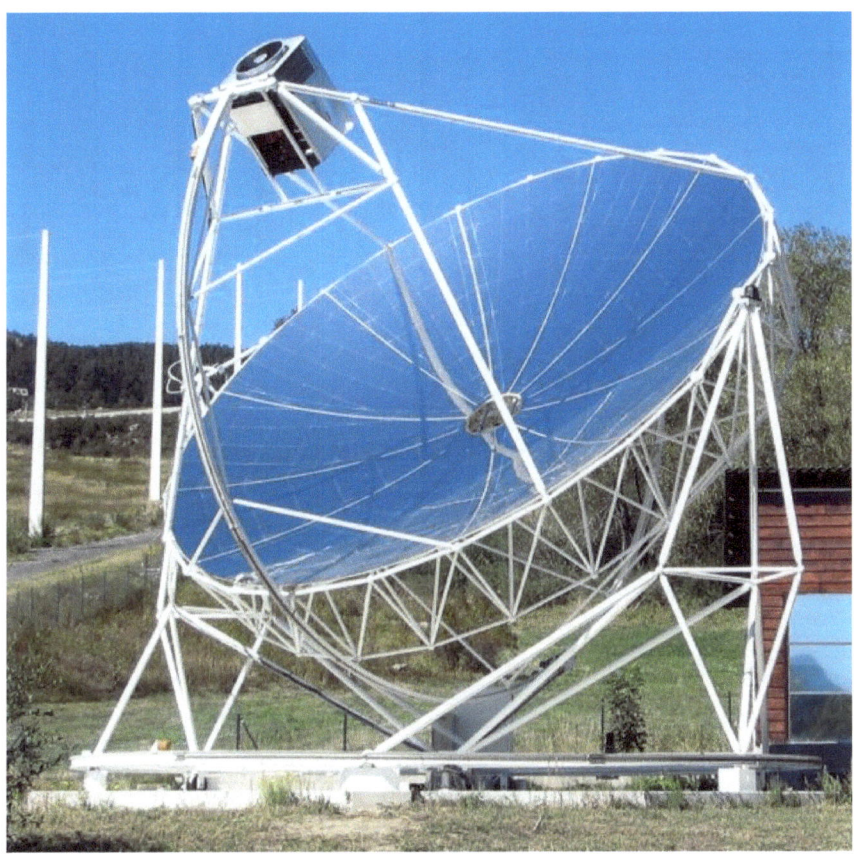

Fig. 27. *Oglindă parabolică cu motor Stirling în punctul focal și dispozitivul său de orientare după soare la platforma Solar de Almeria (PSA), Spania*

Prin cogenerare, dintr-o sursă de energie preexistentă, de obicei un proces industrial, cu ajutorul unei instalații, pe lângă puterea mecanică sau electrică livrată, se asigură căldură necesară încălzirii. În mod normal sursa de căldură primară constituie intrarea pentru încălzitorul motorului Stirling și ca atare va avea o temperatură mai mare decât sursa de căldură pentru aplicația de încălzire constituită din energia evacuată din motor.

Puterea produsă de motorul Stirling este utilizată adesea în agricultură în diferite procese, în urma cărora rezultă deșeuri de biomasă care la rândul lor pot fi utilizate drept combustibil pentru motor evitându-se astfel costurile de transport și depozitare a deș eurilor. Procesul în general abundă în resurse energetice fiind în ansamblul lui avantajos din punct de vedere economic.

Fig. 28. *Motor Stirling utilizat în cogenerare (Colecția Tehnică Hochhut din Frankfurt am Main)*

Firma WhisperGen cu sediul în Christchurch/Noua Zeelandă, a dezvoltat o microcentrală cu cogenerare ("AC Micro Combined Heat and Power") bazată pe ciclul Stirling. Aceste microcentrale sunt sisteme de încălzire alimentate cu gaz metan care furnizează și energie electrică în rețea. WhisperGen a anunțat în 2004 că va produce 80000 centrale de acest tip pentru locuințele din Marea Britanie. Un lot 20 de centrale a început testul în Germania în anul 2006.

În centralele nucleare există posibilitatea utilizării mașinilor Stirling pentru producerea de energie electrică. Înlocuind turbinele cu abur cu motoare Stirling, se poate reduce complexitatea construcției, se poate obține un randament mai mare, și se pot reduce reziduurile radioactive. Anumite reactoare de îmbogățire a uraniului utilizează prin construcție sodiu lichid ca agent de răcire. Dacă energia termică este utilizată în continuare într-o centrală cu abur este nevoie de schimbătoare de căldură apă/sodiu ceea ce mărește gradul de pericol datorită posibilității producerii reacției violente a sodiului cu apa în caz de contact direct. Utilizarea motorului Stirling face ca apa să fie eliminată din ciclu.

Fig. 29. *SRG (Stirling Radioisotope Generator)*

Laboratoarele guvernamentale din SUA au dezvoltat un motor Stirling modern sub numele de SRG (Stirling Radioisotope Generator) pentru a putea fi utilizat în explorări spaţiale. Este destinat generării de energie electrică pentru sonde spaţiale ce părăsesc sistemul solar cu o durată de viaţă de mai multe decenii (fig. 29).

Acest motor utilizează un singur piston de refulare (pentru a reduce piesele în mişcare) şi unde acustice de mare energie pentru transferul de energie. Sursa de căldură este un bloc de combustibil radioactiv, iar căldura reziduală este eliminată în spaţiu. Acest ansamblu produce de patru ori mai multă energie din acelaşi bloc de combustibil comparativ cu un genearator similar de tip RTG (radioisotope thermoelectric generator).

Teoretic motoarele Stirling ar prezenta avantaje şi ca motoare de avion. Sunt mai silenţioase şi mai puţin poluante, randamentul creşte cu altitudinea (randamentul motoarelor cu ardere internă scade cu altitudinea), sunt mai sigure în funcţionare datorită componentelor mai puţine, mai ales componentele mobile, şi lipsei sistemului de aprindere, produc mai puţine vibraţii (structura de rezistenţă va avea o durată mai lungă), sunt mai fiabile, şi mai sigure putând utiliza combustibil mai puţin explozibil.

Kockums, constructorul Suedez de nave a construit în cursul anului 1980 cel puţin 8 submarine de clasa Gotland având motoarele de acţionare de tip Stirling.

În industria de automobile neutilizarea motoarelor Stirling pentru acţionarea autovehiculelor, adesea se argumentează prin raportul putere/greutate prea mic şi un timp de pornire prea lung. Alături de proiecte de la Ford şi American Motor Companies la NASA s-au construit cel puţin două automobile acţionate exclusiv cu motoare Stirling. Problemele cele mai mari rezidă în timpul de pornire lung, răspunsul lent la accelerare, oprire şi sarcină la care nu s-a găsit o rezolvare aplicabilă imediat. Mulţi consideră că acţionarea hibridă ar elimina aceste neajunsuri, dar deocamdată nu a fost construit nici-un vehicul pe această bază. Vehiculele proiectate la NASA au fost denumite MOD I şi MOD II. În cazul lui MOD II s-a înlocuit un motor normal cu aprindere prin scânteie dintr-un Chevrolet Celebrity hatchback cu 4 uși din 1985. În raportul publicat în 1986 la anexa A se precizează că atât pe autostradă cât și în oraș consumul a scăzut pentru automobilul de litraj mediu de la 5,88 l/100km la 4,05 l/100km, iar pentru automobilul de mare litraj de la 9,05 l/100km la 7,13 l/100km.

Timpul de pornire al vehiculului de la NASA a fost de 30 s, în timp ce automobilul pilot de la Ford utilizând un preîncălzitor electric din zona de aer cald a reușit să pornească doar în câteva secunde.

Cu ani în urmă, William Beale de la compania **Sunpower,** a inventat un motor hibrid, care combină ingenios un motor Stirlig de tip alfa având patru cilindri, cu o turbină cu gaz la ieșire (a se vedea figura 30).

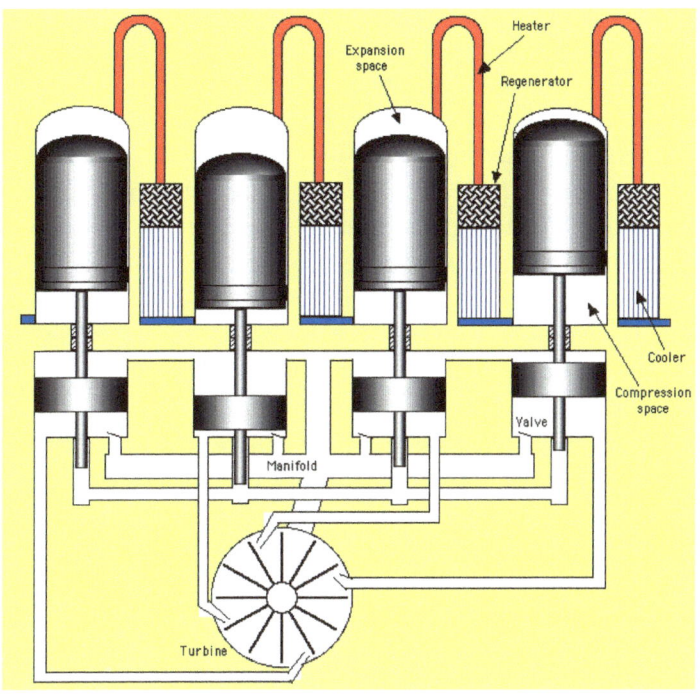

Fig. 30. *Hibrid compus dintr-un 4 cilindri alfa-stirling + o turbină cu gaz*

Cei patru cilindri acționează fiecare pistoanele unui compresor de gaz, gazul comprimat ieșind cu presiune pe fiecare din cele patru ajustaje acționând astfel paletele turbinei rotative. Sistemul are avantajul principal al realizării unei puteri specifice ridicate, în condițiile unei funcționări relativ silențioase pentru un astfel de sistem, având totodată și viață lungă datorită puținelor componente mobile (și mai puține frecări) și a presiunilor și temperaturilor mult mai scăzute comparativ cu cele ale unui sistem realizat cu un motor cu aburi, sau cu unul cu ardere internă.

Orice mașină Stirling poate lucra în regim invers ca pompă de căldură; dacă se introduce lucru mecanic prin acționarea mașinii, între cilindri apare o diferență de temperatură. Una din utilizările moderne este în industria frigului ca instalații frigorifice și criogenice (cryocooler). Componentele principale al unui cryocooler sunt identice cu cele ale mașinii Stirling. Rotirea axului motor va produce comprimarea gazului producând creșterea temperaturii acestuia. Prin împingerea gazului într-un schimbător, căldura va fi livrată. În faza următoare gazul va fi supus unei destinderi în urma căreia se va răci și va fi vehiculat spre celălalt schimbător de unde va prelua căldură din nou. Acest schimbător este situat într-un spațiu izolat termic cum este de exemplu un frigider. Acest ciclu se repetă la fiecare rotație a arborelui. De fapt căldura este extrasă din compartimentul răcit și este disipată în mediul înconjurător. Temperatura în compartiment va scădea din cauza izolației termice care nu permite intrarea căldurii. La fel ca la motorul Stirling, randamentul se îmbunătățește prin utilizarea unui regenerator care creează un tampon pentru căldură între cele două capete cu temperaturi diferite. Primul cryocooler bazat pe ciclu Stirling a fost lansat pe piață în anul 1950 de firma Philips și a fost utilizat în stații de producere a azotului lichid. O gamă largă de cryocoolere mai mici sunt produse pentru diferite aplicații cum ar fi răcirea senzorilor. Refrigerarea termoacustică se bazează pe ciclul Stirling creat într-un gaz de către unde sonore de mare amplitudine.

O pompă de căldură Stirling se aseamănă foarte mult cu un cryocooler Stirling, diferența constând în faptul că pompa de căldură lucrează la temperatura camerei și rolul ei principal este de a pompa căldură din afara clădirii în interior pentru a asigura o încălzire ieftină. Ca și la alte mașini Stirling și în acest caz căldura trece dinspre zona de destindere spre zona de compresie, totuși spre deosebire de motorul Stirling zona de destindere se află la o temperatură mai scăzută decât cea de compresie, astfel că în loc să se producă lucru mecanic, este necesară furnizarea lui de către sistem pentru a satisface cerințele celei de-a doua legi a termodinamicii. Zona de destindere a pompei de căldură este cuplată termic la o sursă de căldură, care adeseori este mediul înconjurător. Partea de compresie a mașinii Stirling este situată în spațiul ce va fi încălzit, spre exemplu o clădire. În mod obișnuit va exista o izolare a spațiului din clădire de mediul exterior, ceea ce va permite creșterea temperaturii interioare. Pompele de căldură sunt pe departe cele mai eficiente sisteme din punct de vedere energetic.

Capacitatea motoarelor Stirling de a converti energia geotermală în electricitate și apoi producerea de hidrogen cu ajutorul acestuia, constituie după părerea multora cheia trecerii de la utilizarea combustibililor fosili la economia bazată pe hidrogen. Această părere se bazează pe cercetările laboratoarelor din Los Alamos asupra posibilității de utilizare a motoarelor Stirling așezate pe roci fierbinți, și utilizând apa de mare ca mediu de răcire, cu potențial energetic aproape nelimitat, deci sustenabil și regenerabil, curat, nepericulos, nenociv, ieftin și fiabil.

1.4. Concluzii

Motoarele termice cu ardere externă nu sunt perimate cum se credea, ci reprezintă chiar o rezervă uriașă pentru constructorii de motoare termice, pentru cercetători, proiectanți, ingineri, aducând cu sine atuul funcționării cu aproape orice tip de combustibil, nefiind condiționate de combustibilii fosilici (poluanți, scumpi și pe cale de a se epuiza). Între motoarele termice cu ardere externă se remarcă motoarele Stirling moderne, variate, cu randamente mari, compactizabile, și funcționând direct cu orice fel de combustibili. Ele nu mai sunt legate azi de cărbunii poluanți, și pot fi utilizate cu diverse surse de combustibili și sau energie. Este posibilă funcționarea lor cu energie electrică obținută de la soare, sau cu combustibilul hidrogen (care se găsește sau poate fi obținut în cantități industriale) care la toate motoarele cu ardere externă poate fi stocat și ars la nivel celular, eliminând astfel orice pericol de explozie; motoarele Stirling de temperatură mică și gabarit mare ar putea fi acționate direct de solul (nisip, pietriș, stâncă) fierbinte al deșertului, de rocile fierbinți de mică sau mare adâncime, de apa sau aburii supraîncălziți ai gheizărelor (energia geotermală); motoarele stirling pot fi acționate direct de căldura solară concentrată de o oglindă parabolică prin montarea motorului cu sursa caldă direct în focarul oglinzii parabolice.

Teoretic orice diferență de temperatură va pune în funcțiune un motor Stirling. Sursa de căldură poate fi atât energia degajată prin ardere de un combustibil, ceea ce îndreptățește utilizarea termenului de motor cu ardere externă, cât și energia solară, geotermală, nucleară, sau chiar de origine biologică.

Deasemenea și o "sursă rece" având temperatura sub cea a mediului ambiant, poate fi utilizată pentru asigurarea diferenței de temperatură. Sursa rece apare în locul unde se utilizează lichide criogenice sau gheață. Pentru a se putea genera puteri semnificative la diferențe mici de temperatură este nevoie a se vehicula mari cantități de fluid prin schimbătorul de căldură extern, ceea ce va cauza pierderi suplimentare și va reduce randamentul ciclului. Deoarece sursa de căldură și gazul de lucru sunt separate printr-un schimbător de căldură, se poate apela la o gamă largă de surse de căldură inclusiv carburanți sau căldură reziduală rezultată din alte procese. Având în vedere că aceștia nu intră în contact cu piesele interne în mișcare, motorul Stirling poate funcționa și cu biogaz cu conținut de siloxan, fără a exista pericolul acumulării de silicați cea ce ar deteriora componentele cum ar fi de altfel cazul la motorul cu combustie internă ce ar utiliza același tip de carburant. La motoarele Stirling durata de viață a lubrifianților este semnificativ mai mare decât la motorul cu ardere internă.

B1. Bibliografie

[1] **Grunwald B.**, *Teoria, calculul și construcția motoarelor pentru autovehicule rutiere*. Editura didactică și pedagogică, București, 1980.

[2] **Hargreaves, C. M.**, *The Philips Stirling Engine*, Elsevier Publishers, ISBN 0-444-88463-7, 1991.

[3] **Martini, William**, *Stirling Engine Design Manual*, NASA-CR-135382. NASA, 1978.

Cap. 2. MOTOARE TERMICE CU ARDERE INTERNĂ

2.1. Introducere

Astăzi ideile și modelele pentru automobilul viitorului s-au înmulțit mai mult ca oricând, și se înmulțesc în continuare pe zi ce trece. Asistăm neputincioși la o avalanșă de soluții noi privind motorizarea sau transmisia autovehiculului. Hibrizii [4] care promiteau o rezolvare imediată (pe care nu au adus-o nici pe departe) se diversifică lunar. Fiecare nouă apariție declară că reprezintă soluția finală, pretinzând că s-a rezolvat astfel și problema combustibilului, cea energetică, și a noxelor.

2.2. Situația actuală a motoarelor termice cu ardere internă

Poate că nu este rău că am atins o diversificare extremă. Acest lucru trădează revoluția tehnologică pe care o trăim în direct, dar și faptul că avem unele probleme legate de energie, combustibili, poluare [3], etc, încă nerezolvate, care cer noi și noi modele (patente) până la găsirea unei (unor) forme finale.

Rezolvarea de moment a crizei energetice mondiale (care putea duce la diminuarea până la dispariție a combustibililor petrolieri), criză care „ne bântuie" încă din anii 75-80, s-a făcut pe seama renunțării în mare parte a folosirii combustibililor fosilici pentru centralele electro sau termo-energetice (centrale care au fost schimbate din mers cu cele nucleare; în plus acum se dezvoltă în forță centralele electrice cu celule fotovoltaice care generează energie electrică curată prin captarea energiei solare și transformarea ei direct în curent electric la nivel celular; randamentul convertirii a crescut de la circa 5% la aproximativ 43%). Având acum suficientă energie (inclusiv electrică) s-a trecut mai peste tot și la electrificarea transporturilor în proporție de 70-90% (autotrenuri și trenuri electrice, rame electrice, tramvaie, troleibuze, metrouri, autoturisme, etc). „Petrolul a răsuflat ușurat" pentru moment. La fel și motoarele cu ardere internă utilizate cu precădere la autoturisme.

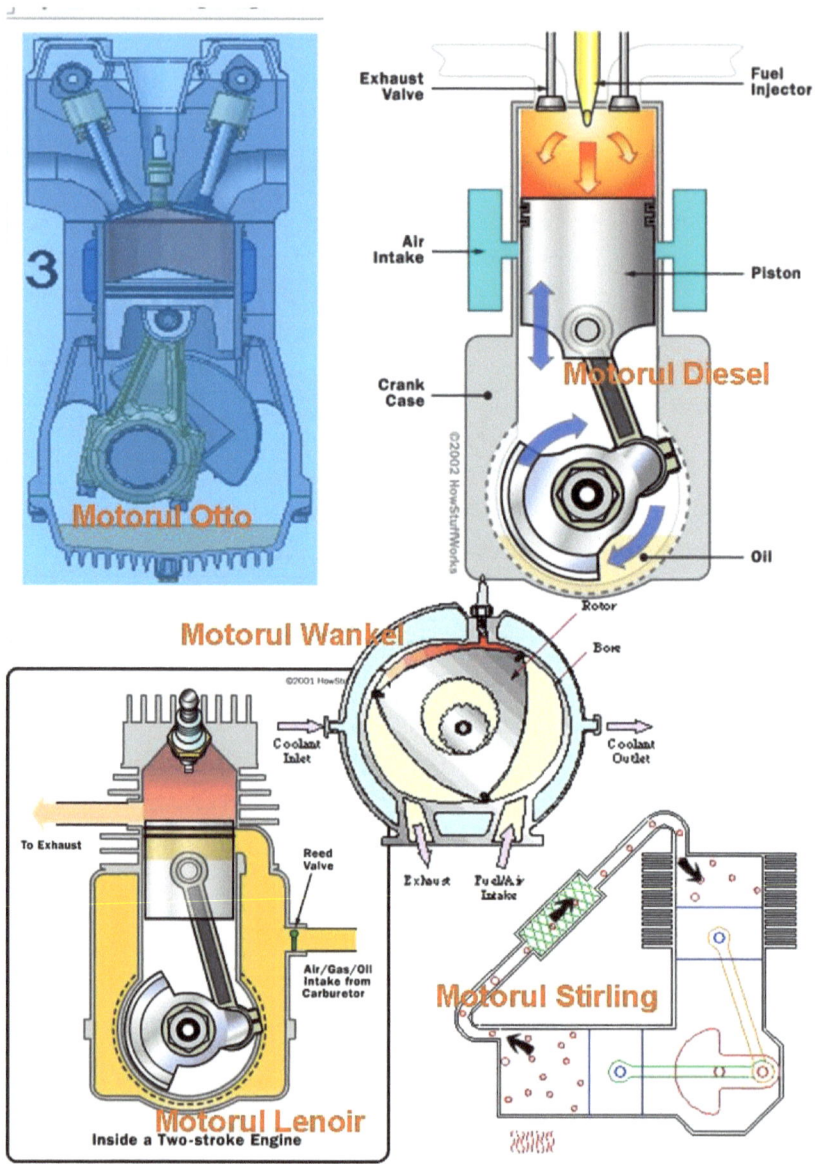

Fig. 1. *Otto, Diesel, Wankel, Lenoir, Stirling*

Chiar dacă am mai avut timp să descoperim noi zăcăminte petroliere, să începem extracția și din cele de adâncimi mai mari, chiar dacă cele vechi au mai câștigat timp să se mai refacă cât de cât, chiar dacă am sfredelit și platourile marine cu riscul creerii în viitor a unor noi cutremure, și chiar dacă am trece cu industrie cu tot să ne îmbrăcăm din nou sănătos (din in, cânepă, bumbac, mătase naturală, lână, etc...), un lucru este clar, ,,mai devreme sau mai târziu petrolul (aurul negru) se va termina, stocurile fosilice se vor epuiza". Acesta este motivul principal pentru care benzina și motorina s-au scumpit foarte mult începând din anii 1980 și până în prezent (și nici nu se vor mai ieftini).

Acesta este motivul real pentru care noi toți automobiliștii căutăm noi și noi soluții. Iubitorii motorului cu ardere internă (vezi fig. 1-3) nu pot renunța ușor la el. E prea robust, compact, dinamic, rapid, puternic, independent [1-3].

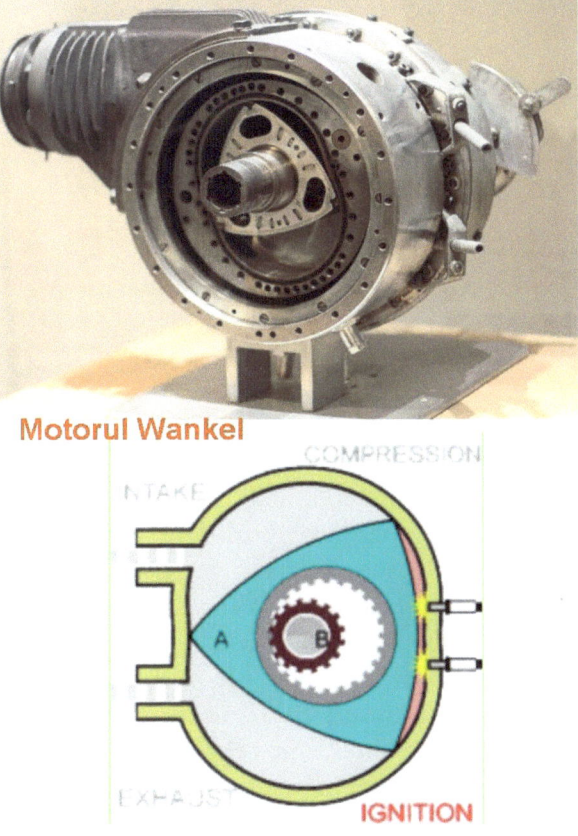

Fig. 2. *Motorul rotativ Wankel*

Fig. 3. *Primele motoare termice cu ardere internă, în patru timpi, cu supape, Otto, Diesel, Benz*

În condiţiile în care încep să apară motoarele magnetice, combustibilii petrolieri se împuţinează, energia care era obţinută prin arderea petrolului este înlocuită cu energie nucleară, hidroenergie, energie solară, eoliană, şi cu alte tipuri de energii neconvenţionale, în condiţiile în care motoarele electrice au luat locul celor cu ardere internă în transportul public, dar mai recent ele au pătruns şi în lumea autoturismelor (Honda a realizat un autovehicul care utilizează un motor electric compact, iar energia electrică consumată de la acumulator este refăcută printr-un sistem care foloseşte un generator electric cu arderea hidrogenului în celule; astfel avem o maşină care arde hidrogen, dar este acţionată de un motor electric), care este rolul şi ce perspective mai au motoarele cu ardere internă de tip Otto, Diesel, Wankel, Lenoir, sau Stirling (fig. 1)?

Motoarele cu ardere internă în patru timpi (Otto, Diesel, Wankel) sunt robuste, dinamice, compacte, puternice, fiabile, economice, autonome, independente și vor fi din ce în ce mai nepoluante [2, 4].

Motoarele magnetice (combinate și cu cele electromagnetice) sunt abia la început, însă ele ne oferă o perspectivă îmbucurătoare mai ales în industria feroviară și aeronautică.

Motoarele Otto, sau cele cu ardere internă în general, vor trebui să se adapteze la noul combustibil, hidrogenul. Acesta fiind compus din elementul de bază (hidrogenul) se poate extrage industrial practic din orice alt element (sau combinație) prin procedee nucleare, chimice, fotonice, prin radiații, prin ardere, etc. (cel mai ușor hidrogenul poate fi extras din apă, prin descompunerea ei în elementele constituente, hidrogenul și oxigenul; prin arderea hidrogenului se reface apa pe care o redăm circuitului ei natural, fără pierderi și fără poluare; o altă soluție este extragerea din apă a hydroxylului lichid). Hidrogenul trebuie stocat în rezervoare cu celule (de tip fagure) pentru a nu exista pericolul unor explozii; cel mai frumos ar fi dacă am putea descompune apa direct pe autovehicul, caz în care rezervorul s-ar alimenta cu apa (și aici s-au anunțat unele reușite: de exemplu având în vedere pierderile energetice impuse de acest proces, am putea să le compensăm prin captarea energiei fotonice și conversia ei în energie electrică; o mare parte din aceasta ar putea fi utilizată la disocierea apei în hidrogen sau hydroxyl).

Ca o soluție de rezervă (nu prea dorită), există arbori care pot dona combustibili de tip petrol, care ar putea fi plantați pe zone extinse, sau direct în curtea consumatorului.

Cu mulți ani în urmă, Profesorul Melvin Calvin, (Berkeley University), a descoperit că arborele Euphora, o specie rară, conține în trunchiul său un lichid care are aceleași însușiri ca și țițeiul brut.

Profesorul a descoperit pe teritoriul Braziliei un copac care conține în trunchiul său un combustibil cu proprietăți asemănătoare motorinei. În cursul unei călătorii în Brazilia, băștinașii l-au condus pe profesorul Calvin la un copac numit de ei "copa-iba". În momentul găuririi trunchiului copacului, din acesta a început să curgă un lichid auriu, care era folosit de băștinași ca materie primă de bază pentru prepararea parfumurilor sau, în formă concentrată, ca balsam. Nimeni nu observase că acesta este un combustibil pur ce poate fi utilizat direct de motoarele diesel. Calvin a declarat că, după ce a turnat lichidul extras din trunchiul copacului direct în rezervorul mașinii sale (echipată cu un motor Diesel) motorul a funcționat ireproșabil. În Brazilia copacul este destul de răspândit. El ar putea fi adaptat și în alte zone ale lumii, plantat atât în păduri sau parcuri, cât și în curțile unor oameni. Dintr-un copac crestat se umple circa jumătate de rezervor, iar crestătura se acoperă și nu se mai deschide decât după șase luni; asta înseamnă că având 12 arbori într-o curte, un om poate umple un rezervor lunar cu noul combustibil diesel natural.

În unele țări se produc alcooli sau uleiuri vegetale, pentru utilizarea lor drept combustibili (nu e o soluție nouă și nici prea eficientă, dar pentru încă circa 60-100 ani este una de tranziție).

Auzim din ce în ce mai des de biocombustibili (Diesel a gândit primul său motor pentru o funcționare cu biodiesel, mai exact cu ulei vegetal biologic extras din alune, dar motorina care atunci se găsea din belșug a reușit să ia locul biocombustibililor la vremea respectivă, având atunci și un preț foarte scăzut).

Recent s-a născut ideea utilizării algelor marine pentru obținerea unor combustibili vegetali superiori. Având în vedere cantitatea uriașă de alge pe care am putea-o recolta, din oceanul planetar, varianta este chiar interesantă.

În viitor, aeronavele vor utiliza motoare ionice, magnetice, cu laseri sau diverse microparticule (ioni) accelerate, astfel încât și motorului "Coandă" ("jet", sau "cu reacție") încet-încet „i se apropie sorocul".

Astfel de mini motoare vor putea acționa în viitor și diversele mijloace de transport, iar cândva poate chiar autovehiculele. Au apărut deja spre vânzare și mini centralele nucleare particulare (utilizate de mult pe nave și submarine); cine dispune de bani va putea să-și adapteze aceste minicentrale nucleare pentru diverse nevoi personale, inclusiv pentru transportul particular, dacă legile nu vor împiedica acest lucru.

MagLev-ul (Magnetic-Levitation) funcționează deja cu succes în China și Japonia de mulți ani demonstrând din nou superioritatea forțelor exercitate de câmpurile electromagnetice.

Chiar și-n aceste condiții motoarele cu ardere internă vor trebui menținute la vehiculele terestre (cel puțin), pentru puterea, compactitatea, fiabilitatea și mai ales dinamica lor. Viitorul lor este hidrogenul (mai ales acum când motorul electric câștigă teren cu fiecare clipă iar motoarele termice cu ardere externă promit o revenire spectaculoasă).

2.3. Sinteza motorului cu ardere internă cu hidrogen

2.3.1. Despre combustibilul hidrogen

Hidrogenul reprezintă combustibilul ideal pentru automobilul viitorului în cazul în care dorim să păstrăm și în continuare motoarele cu ardere internă.

El se poate obține ușor prin diferite procedee industriale și de laborator. Hidrogenul are marele avantaj de a se putea obține și în cantități industriale. Costul său este convenabil și ar putea chiar să scadă foarte mult. Extras din apă el regenerează apa prin arderea lui refăcând astfel echilibrul natural și în plus arderea hidrogenului direct în motoare în patru timpi nu produce noxe așa cum se întâmplă astăzi când folosim combustibilii petrolieri. Hidrogenul se extrage relativ ușor din apă (avem deja mai multe metode disponibile) dar s-a constatat că ar fi mai simplu să disociem apa în hydroxyl HO și oxigen O. Gruparea hydroxyl obținută este un lichid maro care arde foarte bine, iar disocierea produsă în acest fel consumă chiar mai puțină energie. Hidrogenul trebuie stocat în butelii de tip fagure deoarece trebuie eliminat pericolul unor explozii; în general el se stochează sub presiune, comprimat în stare lichidă.

Testat de foarte multă vreme (alături de alți combustibili neconvenționali cum ar fi metanolul, etanolul, uleiurile vegetale, etc) la început, hidrogenul nu a dat imediat rezultatele așteptate [1].

Hidrogenul era testat în general în amestecuri și nu dădea rezultate bune în acest mod. Când s-a trecut la arderea lui fără nici un amestec [1] din nou au fost probleme. Hidrogenul era încercat direct în motoarele cu ardere internă existente fără modificări ale acestora, astfel încât era normal ca arderea lui să nu dea rezultate imediate. Hidrogenul arde de zece ori mai repede decât combustibilii clasici [1], deci procesele de ardere se desfășoară de zece ori mai rapid. Logic ar fi să încercăm să-i adaptăm un motor mai rapid.

El este elementul cel mai ușor atomul normal de hidrogen având nucleul cu un singur nucleon.

Un singur nucleon în nucleu, adică doar un proton și nici un neutron. Elementul hidrogen, chiar stocat în stare lichidă la temperatura de -252^{0}C este de 10 (zece) ori mai ușor decât benzina. Un kg de hidrogen dezvoltă aproape de trei ori mai multă căldură decât un kg de benzină. Totuși amestecul corect aer-hidrogen generează numai cu 25% mai multă căldură față de amestecul aer-benzină. Este de remarcat faptul că în timp ce amestecul aer-benzină se aprinde în limite relativ reduse, amestecul aer-hidrogen arde într-o plajă mult mai largă. Numai 2-3 km cubi de apă oceanică descompusă în hidrogen și oxigen ar dona hidrogenul necesar nevoilor anuale mondiale de transport rutier. Ce ar reprezenta acest eventual consum mondial anual de 2-3 km^3 din totalul de 1370000000 km^3 aparținând oceanului planetar? Trei km^3 față de totalul planetar reprezintă $2*10^{-7}$ %. Acest procent total nesemnificativ de apă consumată anual s-ar reface chiar în anul respectiv prin faptul că prin ardere hidrogenul produce la loc apă. Ce să mai vorbim de calitatea aerului care nu ar mai fi umplut cu monoxid și cu dioxid de carbon, de faptul că am putea să-i redăm planetei aerul curat, scuturile refăcute și clima ei inițială, blândă și normală, de faptul că am putea respira din nou normal, noi, copiii și nepoții noștri.

2.3.2. Un Wankel vă rog! Sau poate un Atkinson nou, rotativ!

Un motor clasic cu ardere internă care să funcționeze de zece ori mai repede (în loc de 2500-6000 rot/min să lucreze în plaja de turații 25000-60000 rot/min) nu se putea construi cu ușurință datorită vibrațiilor foarte mari cât și a accelerațiilor și reacțiunilor uriașe care apăreau la mecanismul principal (Otto) la peste 20000-30000 rot/min și la mecanismul de distribuție clasic la turații mai mari de 10000 rot/min. Aceste probleme au început să se rezolve astăzi parțial (se testează deja distribuții care să lucreze la circa 30000 rot/min), dar motorul de tip Otto supraturat deși compact nu are încă o funcționare silențioasă. Hidrogenul reclamă un motor turat de zece ori, iar motorul ideal (supercompact, lucrând la turații superioare cu puteri și randamente sporite la consumuri mult limitate) cerea un combustibil cu ardere mai rapidă. Aceste cerințe ne-au dus la ideea că hidrogenul este combustibilul ideal pentru motorul compact și supraturat, cu ardere internă, motorul viitorului.

Dacă mai sunt unele lucruri de pus la punct (inclusiv cu distribuția prin supape), poate că ar fi mai normal ca primul motor cu ardere internă cu hidrogen să fie un motor compact supraturat de tip Wankel, un derivat al motorului Wankel, sau modelele Atkinson noi rotative. Motorul rotativ Wankel (a se vedea figura 2) are marele avantaj de a fi un motor cu ardere internă în patru timpi, rotativ, care funcționează fără supape. El este deja un motor compact și mai poate fi compactizat în continuare cu ușurință. Neavând supape el se pretează cel mai bine la creșterea turației. Din păcate însă fiziologic, el are pierderi foarte mari de putere, perioade lungi puterea utilă acționând pe rotor în ambele sensuri, anulându-se astfel efectul ei motor; o bună perioadă din timpul scurt motor, mișcarea se face doar datorită inerției. Poate că ar fi bine ca primele motoare pe hidrogen supraturate să fie de tip Atkinson (nou) rotativ.

Chiar și la turații normale aceste două tipuri de motoare au răspuns cel mai bine testelor moderne cu hidrogen [4].

2.3.3. Prezentarea pe scurt a tancurilor de hidrogen

Rezervorul de hidrogen a reprezentat în ultimii 40 ani o problemă atât de dificilă încât a frânat în toți acești ani antamarea problemei combustibilului viitorului (hidrogenul), mai mult chiar decât „anumite cercuri ale petroliștilor, care vedeau în el un dușman de temut, ce trebuie adormit pe termen cât mai lung". Stocarea lui eficientă în condiții de siguranță a fost o problemă majoră până în ultimii cinci-zece ani. Din fericire astăzi această problemă este rezolvată, corect și unitar.

Există un cilindru de stocare special amenajat (vezi foto 4, **HB-SC-0660-N**), care poate stoca hidrogen lichid presurizat, recomandat la vehicule mici (motorete, motociclete), sau la vehicule normale pentru viitor când se vor utiliza motoare compacte pe hidrogen; cilindrul are 38 cm lungime, o greutate de 6 kg, și 660 l stocați la o presiune de 4-5 MPa (presiunea fiind determinată la temperatura de

25^0 celsius). Temperatura mediului recomandată între 5 şi 60^0 celsius, probabil va putea fi coborâtă undeva mai jos, pe viitor. Actualmente, la o maşină mare (grea), un astfel de cilindru asigură o autonomie de circa 100 km. El se poate încărca uşor numai la o staţie specializată.

Practic acest cilindru se multiplică la rezervoarele mai mari. Pentru autovehiculele rutiere mari şi mijlocii se recomandă un dispozitiv compus din cinci astfel de cilindri (vezi foto 4, **HB-SS 3300**). Capacitatea lui de stocare creşte de cinci ori ajungând de la 660 l la 3300 l hidrogen lichid sub presiune. Un autoturism de teren va parcurge cu un astfel de rezervor (umplut iniţial) circa 500 km.

2.3.4. Pactul HG8

HB-SC-0660-N
Dispozitiv modern pentru stocat hidrogen, recomandat la vehicule mici (motorete), sau la vehicule normale în viitor când se vor utiliza motoare compacte pe hidrogen;
38 cm lungime, 6 kg, 660 l stocaţi la o presiune de 4-5 MPa (la 25^0 celsius). Temperatura mediului recomandată între 5 şi 60^0 celsius.

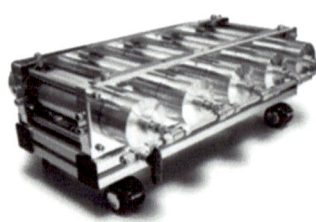

HB-SS 3300
Dispozitiv de stocat hidrogen cu cinci butelii, recomandat pentru autovehicule rutiere;
Dimensiuni dispozitiv 33x55x11 cm; masa 37 kg; cantitatea de hidrogen lichid 3300 l, stocaţi la presiunea 4-5 MPa (la 25^0 celsius). Temperatura mediului recomandată între 5 si 60^0 celsius.

Două dispozitive moderne pentru stocat hidrogenul

Fig. 4. *Tancurile de hidrogen*

Un prim pas important al acestui proces complex este trecerea autoturismelor pe hidrogen lichid (cel puţin pentru început), stocat în rezervoare special amenajate (tancuri de hidrogen) şi pregătirea staţiilor de distribuţie a acestui tip de combustibil.

Acest pas a început efectiv prin semnarea unei înţelegeri (acord, protocol) între 8 (opt) mari producători auto, „acordul pentru hidrogen"; semnarea acordului în Germania în toamna anului 2009 putem s-o numim „un G8 al hidrogenului", „grupul celor 8 pentru hidrogen", sau prescurtat „HG8". Problema cea mai mare la hidrogen rămâne energia uriaşă consumată pentru stocarea lui.

2.4. Din istoria motoarelor cu ardere internă
2.4.1. Scurtă prezentare

Primele două mari revoluţii tehnice, ştiinţifice, industriale, economice, sociale, politice, care au schimbat radical aspectul (istoria) omenirii au avut la bază mecanismele cu camă şi tachet. Prima revoluţie s-a datorat apariţiei şi dezvoltării rapide a războaielor de ţesut (maşinilor automate cu came).

Fig. 5. *Primul autobuz*

A doua mare revoluţie s-a datorat tot mecanismelor cu came, de data aceasta fiind vorba de cele din componenţa motoarelor cu ardere internă cu supape, de tip Otto, Diesel ori Lenoir. Această etapă din dezvoltarea planetei noastre a avut rolul cel mai însemnat, în sensul că ne-a marcat profund modul de viață. Hai să ne imaginăm cum ar fi fost viața noastră astăzi fără mijloacele de transport moderne și rapide, fără posibilitatea deplasărilor la mari distanțe, izolați, dar și fără mijloacele necesare vieții care nu ar mai fi putut fi nici ele transportate (evident nici construcțiile nu s-ar mai fi dezvoltat, nici marile uzine, instituții, magazine, stadioane, etc).

Fig. 6. *Primul autovehicul*

Energia și transportul (cele mai vitale pentru omenire) sunt astăzi mai mult ca oricând considerate strategice (chiar dacă ele au produs și o parte din poluarea planetei), fapt pentru care se caută în permanență noi modalități de îmbunătățire a mijloacelor de transport și de producere a energiei; există chiar și o simbioză între aceste două mari laturi sociale ale omenirii (ajunsă azi aproape la maturitatea ei deplină).

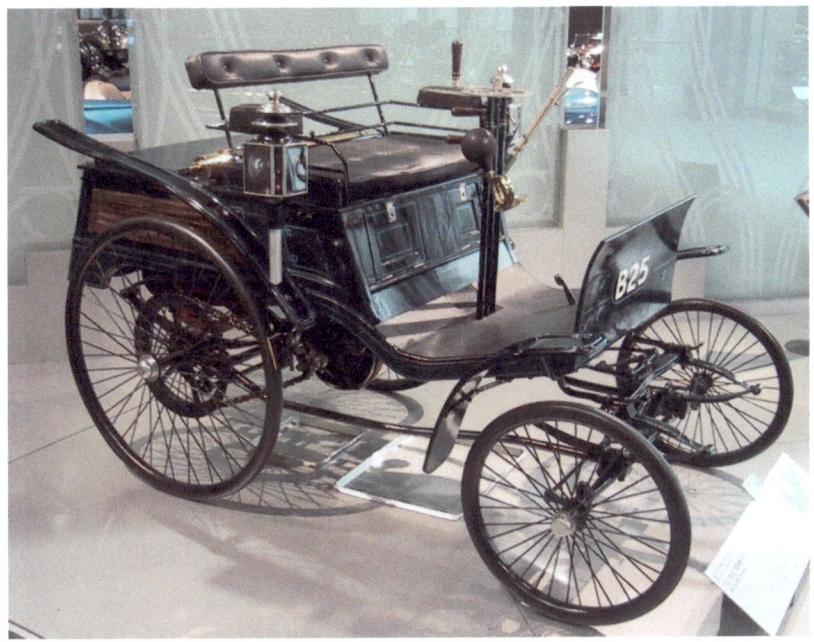

Fig. 7. *Primul autovehicul produs în serie*

Fig. 8. *Primul automobil de curse*

Dintre toate elementele prezentate, motorul Otto (sau de tip Otto) ocupă locul întâi. Pe baza lui au fost posibile și s-au dezvoltat transporturile publice (vezi primul autobuz realizat de Karl Benz în 13 noiembrie 1894, fig. 5) și particulare (vezi primul autovehicul realizat de Karl Benz în 1885, fig. 6, primul autovehicul produs în serie de Karl Benz începând din 1894, fig. 7, și primul automobil de curse „Blitzen Benz" realizat de Karl Benz în 1909, fig. 8).

2.4.2. Apariția și dezvoltarea motoarelor cu ardere internă cu supape de tip Otto, sau Diesel, legată de cea a automobilelor

În anul 1680 fizicianul olandez, Christian Huygens proiectează primul motor cu ardere internă.

În 1807 elvețianul Francois Isaac de Rivaz inventează un motor cu ardere internă care utiliza drept combustibil un amestec lichid de hidrogen și oxigen. Automobilul proiectat de Rivaz pentru noul său motor a fost însă un mare insucces, astfel încât și motorul său a trecut pe linie moartă, neavând o aplicație imediată.

În 1824 inginerul englez Samuel Brown adaptează un motor cu aburi determinându-l să funcționeze cu benzină (vezi figura 9).

Fig. 9. *Motorul Samuel Brown*

În 1858 inginerul născut în Belgia Jean Joseph Etienne Lenoir a inventat și a patentat (1860) un motor cu dublă pornire prin scânteie electrică prin combustie internă alimentat cu gaz lichid extras din cărbune. În 1863, Lenoir a atașat și a îmbunătățit motorul (folosind petrolul și un carburator rudimentar) pentru o căruță pe trei roți care a reușit o călătorie istorică de 50 mile pe șosea. Acesta este practic primul motor real cu ardere internă cu aprindere electrică prin scânteie, acesta fiind un motor ce funcționa în doi timpi. În 1863 tot belgianul Lenoir este cel care adaptează la motorul său un carburator făcându-l să funcționeze cu gaz petrolier (sau benzină); (a se urmări figura 10).

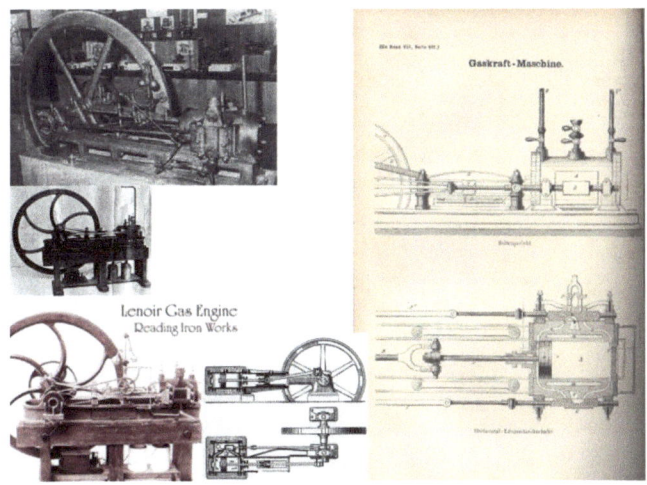

Fig. 10. *Motorul Lenoir, în doi timpi*

Fig. 11. *Primele motoare Otto (patentate), în patru timpi*

În anul 1862 inginerul francez Alphonse Beau de Rochas, brevetează pentru prima oară motorul cu ardere internă în patru timpi (fără însă a-l construi).

În 1864 inginerul austriac Siegfried Marcus, a construit un motor cu un cilindru cu carburator (improvizat) rudimentar și a adaptat motorul său pentru o cursă îngreunată de 500 de picioare.

Este meritul inginerilor germani **Eugen** Langen și **Nikolaus** August Otto de a construi (realiza fizic, practic, modelul teoretic al francezului Rochas), primul motor cu ardere internă în patru timpi, în anul 1866, având aprinderea electrică, carburația și **distribuția** într-o formă **avansată**.

Zece ani mai târziu, (în 1876), Nikolaus August Otto își brevetează motorul său (vezi fig. 11).

În același an (1876), Sir Dougald Clerk, pune la punct motorul în doi timpi al belgianului Lenoir, (aducându-l la forma cunoscută și azi, vezi fig. 12).

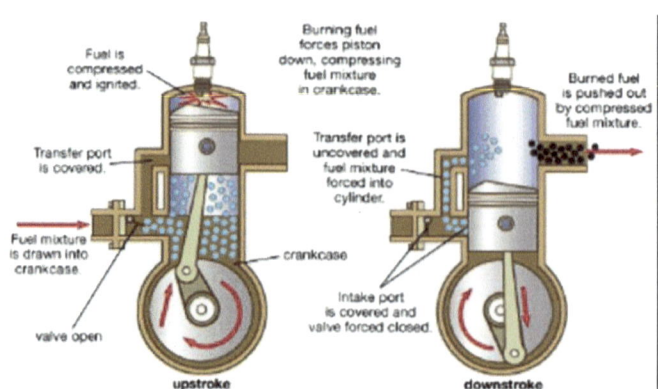

Fig. 12. *Motorul Sir Dougald Clerk, în doi timpi*

În 1885 Gottlieb Daimler aranjează un motor cu ardere internă în patru timpi cu un singur cilindru așezat vertical și cu un carburator îmbunătățit montat prima dată pe o motocicletă (vezi figura 13).

Fig. 13. *Primul motor Gottlieb Daimler*

Un an mai târziu și compatriotul său Karl Benz aduce unele îmbunătățiri motorului în patru timpi pe benzină (foto 14).

Fig. 14. *Primul motor Karl Benz*

Atât Daimler cât şi Benz lucrau noi motoare pentru noile lor autovehicole (atât de renumite).

În 1889 **Daimler îmbunătăţeşte** motorul cu ardere internă în patru timpi, construind un «doi cilindri în V», şi aducând **distribuţia la forma clasică de azi, «cu supapele în formă de ciupercuţe»**.

În 1890, Wilhelm Maybach, construieşte primul «patru-cilindri», cu ardere internă în patru timpi.

În 1892 apare primul automobil Peugeot cu o motorizare proprie de tip Otto (vezi figura 15).

Fig. 15. *Primul Peugeot apărut în anul 1892*

Tot anul 1892 este un an special deoarece, inginerul german Rudolf Christian Karl Diesel, inventează motorul cu aprindere prin comprimare, pe scurt motorul diesel (vezi foto 16).

Fig. 16. *Motorul Rudolf Christian Karl Diesel; pe scurt motorul diesel, cu aprindere prin compresie, și cu injecția combustibilului*

După Lenoir și Otto apare invenția lui Diesel ca fiind de o importanță deosebită. **Motorul diesel** este un motor cu combustie internă, cu aprindere prin compresie, în care combustibilul se detonează doar prin temperatura ridicată creată de comprimarea amestecului aer-carburant și nu prin utilizarea unui dispozitiv auxiliar, așa cum ar fi bujia în cazul motorului pe benzină. Motorul operează utilizând ciclul diesel. Inginerul german Rudolf Diesel, care l-a inventat în 1892 și l-a patentat pe 23 februarie 1893 intenționa ca motorul său să utilizeze o varietate largă de combustibili inclusiv praful de cărbune, parcă prevăzând peste veacuri necesitatea diversificării combustibililor și renunțarea treptată la combustibilii fosili petrolieri (aflați pe cale de dispariție). Diesel și-a prezentat invenția funcționând în 1900 la *Expoziția Universală* (World's Fair) utilizând ulei de alune (motorul diesel fiind atunci spre deosebire de utilizarea lui ulterioară destinat funcționării cu bio combustibili).

Fig. 17. *Ford Quadricyclu, 1896*

În iunie 1896 Ford construiește prima sa mașină, quadricycletă (foto 17), la doi ani după constructorul german Benz, și la patru ani după concernul Peugeot (vorbind de producția de serie).

În 1903 uzina Ford se transformă în Ford Motor Company, luând astfel o amploare fără precedent și cunoscând un succes remarcabil atât în state cât și pe bătrânul continent prin producția sa bogată și variată.

Henry Ford (1863-1947) a inventat o linie de asamblare automobile proprie, automatizată, mult îmbunătățită, și a instalat prima bandă transportoare pe linia sa automată de asamblare, în fabrica personală de autovehicule din Ford's Highland Park, uzina din Michigan, USA, în 1913.

Linia de asamblare a redus costurile de producție pentru autoturisme, prin reducerea timpului de asamblare.

Fig. 18. *Ford model T, 1908*

Ford trece astfel de pe locul trei în lume (după Daimler și Benz), pe primul loc, devenind astfel numărul unu în producția mondială de autovehicule.

În 1927 Ford fabricase deja 15 milioane automobile numai din faimosul model T (a cărui uzinare începuse din 1908, vezi foto 18), care imediat după prima automatizare s-a montat în numai 93 minute (figura 19).

Fig. 19. *Ford model T, 1913 (montat pe prima linie automată de asamblare din lume, din Ford's Highland Park, uzina din Michigan, USA, din 1913) - din 1913 și până în 1927 acest model s-a montat și vândut în peste 15 milioane exemplare, mergând în toate colțurile planetei*

Primul motor (concept realizat practic) Ford (artizanal) a fost construit chiar de Henry în propria sa casă (cu mijloacele pe care le avea la dispoziție în gospodărie), însă cu toate acestea el a funcționat foarte bine (vezi figura 20).

Fig. 20. *Primul motor (concept) Ford a fost realizat de Henry chiar la el acasă numai cu ce avea prin gospodărie (și după mijloacele lui materiale de care dispunea la acea oră); făcut cu perseverență și pasiune reală motorul chiar a funcționat, deschizându-i tânărului inginer căi nebănuite și perspective pe care chiar el, atunci, nici nu și le putea imagina*

2.5. Concluzii

Cursa pentru hidrogen a început (cel mai sigur vor fi trecute pe hidrogen autobuzele, care oricum se alimentează în general din unul sau câteva puncte comune, din cadrul autogării, sau autobazei lor; ele au și spațiul necesar pentru montarea rezervoarelor de hidrogen). Motorul termic cu ardere internă, care a dominat ultimii circa 150 ani, se extinde prin hibrizi care-l fac mai fiabil și mai viabil, mai puternic, mai economic, mai puțin poluant, se extinde spuneam către motorul viitorului, termic cu ardere internă cu hidrogen! În perspectiva imediată viitorul lui îl reprezintă scăderea consumului de combustibili utilizați (petrolieri), prin proiectarea tot mai modernă a motoarelor termice și a sistemelor auxiliare, prin utilizarea biocombustibililor a căror necesitate a fost prevăzută de Diesel cu mulți ani în urmă, dar și prin construcția unor soluții hibride, despre care vom mai discuta mai târziu în cadrul acestei cărți. Pe lângă el se dezvoltă armonios și concurențial și motoarele electrice, soluțiile hibride, și de ce nu, în viitor și noi motoare termice cu ardere externă. Lucrarea [2] prezintă pe scurt câteva soluții pentru dezvoltarea motoarelor cu ardere internă moderne.

B2. Bibliografie

[1] **Grunwald B.**, *Teoria, calculul și construcția motoarelor pentru autovehicule rutiere*. Editura didactică și pedagogică, București, 1980.

[2] **Petrescu, F.I., Petrescu, R.V.**, *Câteva elemente privind îmbunătățirea designului mecanismului motor*, Proceedings of 8th National Symposium on GTD, Vol. I, p. 353-358, Brasov, 2003.

[3] **Leet, J.A., S. Simescu, K. Froelund, L.G. Dodge, and C.E. Roberts Jr.**, *Emissions Solutions for 2007 and 2010 Heavy-Duty Diesel Engines*. Presented at the SAE World Congress and Exhibition, Detroit, Michigan, March 2004. SAE Paper No. 2004-01-0124, 2004.

[4] **Bernard Feldman**, *The hybrid automobile and the Atkinson Cycle*. In The Physics Teacher, October, 2008, Volume 46, Issue 7, p. 420-422.

Cap. 3. DESIGNUL MOTOARELOR ÎN V

3.1. Prezentare

Motorul în V este un motor cu ardere internă, care grupează pe un singur fus maneton o pereche de pistoane, ce lucrează în cilindri având axele de ghidare poziționate astfel încât să facă între ele un unghi fix alfa (situat deobicei în jurul valorii de 90 grade sexazecimale). Cele două axe trec obligatoriu prin axa principală a arborelui cotit (axa fusului palier).

Idea principală în construcția unui motor real (clasic) în V este ca un singur fus maneton să fie acționat practic simultan de două pistoane (a se urmări figura 1).

În acest mod randamentul mecanic al motorului crește, comparativ cu cel al unui motor obișnuit care are un singur piston motor pe un fus maneton.

Fig. 1. *Motor în V*

Fiind mereu cuplate, două câte două, pistoanele unui motor în V vor putea avea per total numai numere pare: V2, V4, V6, V8, V10, V12, V14, V16, etc...

La motoarele în linie în doi timpi (discutăm numai despre motoarele termice cu ardere internă, de tip Lenoir, Otto, sau Diesel) cea mai bună echilibrare se realizează pentru motorul cu trei cilindri, în timp ce la motoarele în linie în patru timpi echilibrarea optimă apare la cele cu șase cilindri; corespunzător la soluțiile în V avem o bună echilibrare și compactizare pentru motoarele cu șase cilindri (V6), însă soluțiile optime sunt realizate prin construirea motoarelor cu 12 și 16 cilindri în V (V12 și V16). Modelele V4 și V14 sunt foarte rare, în timp ce motoarele V8 și V10 sunt des întâlnite deși nu reprezintă o soluție optimă.

Primul motor în V a fost introdus în anul 1903.

El era urmat de o cutie de viteze construită în variantele cu două trepte si cu trei trepte de viteze.

Fig. 2. *Primul motor în V; realizat în anul 1903*

Primul motor în V (un V2) a fost realizat în anul 1903 (vezi fig. 2). El era echipat la ieșire cu două transmisii (posibile la acea vreme), o variantă fiind cu o cutie de viteze cu două trepte, iar a doua variantă net superioară prevedea trei trepte de viteze.

Motoare V2 se mai construiesc și astăzi în special pentru șalupe, motociclete, motorete, sau pentru motorizarea unor mici utilaje (a se vedea fig. 3).

Fig. 3. *Motor în V modern (un V2 modern, de mic litraj dar de putere mare)*

Soluția cea mai rațională pentru motoarele în V medii este un V6 care pe lângă o echilibrare bună prezintă și avantajul realizării unui motor puternic, economic, fiabil, nepoluant, dinamic, și extrem de compact (a se urmări figurile 4 și 5).

Fig. 4. *Motor în V modern (un V6 modern, de litraj mediu dar de putere mare)*

Motoarele V6

Motorul V6 este unul dintre cele mai compacte motoare; mai scurt decât motorul cu 4 cilindri în linie, iar la mai multe modele și mai îngust decâ V8.

În plus, un V6 este bine echilibrat.

Fig. 5. *Motor V6 modern (un V6 modern, de litraj mediu dar de putere mare); echilibrarea este bună, iar compactizarea ideală*

Fiind soluția optimă, pentru litrajul mediu și mare motorul V6 este destul de răspândit, dar o răspândire similară o au și motoarele V8 (figura 6) și V10 (figura 7).

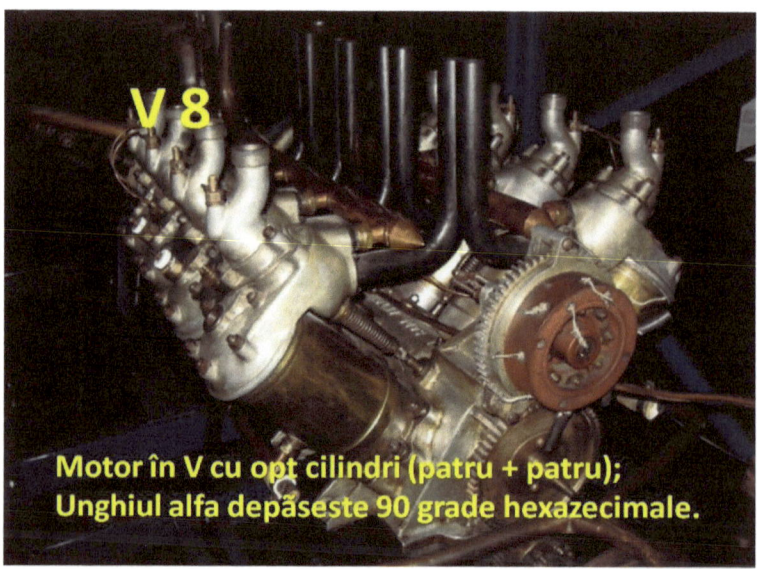

Fig. 6. *Motor V8 modern de mare litraj și putere*

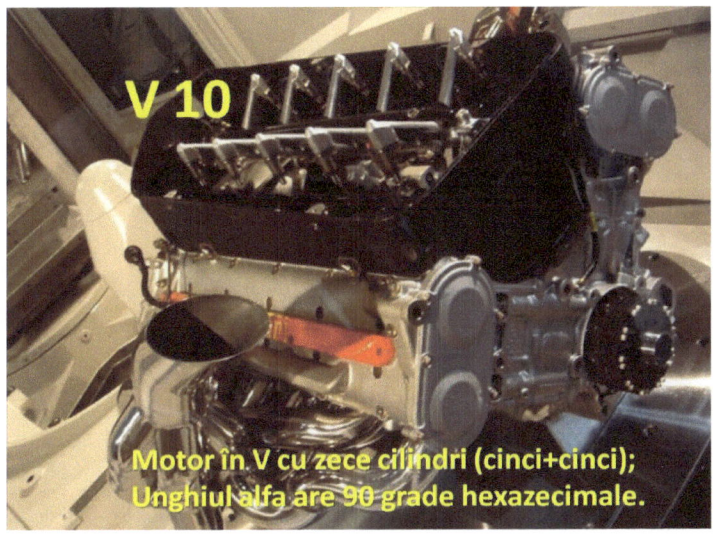

Fig. 7. *Motor V10 modern de mare litraj și putere*

O soluție mai bună pentru motoarele în V o reprezintă configurațiile V12 și V16. Acestea au o echilibrare foarte bună, și sunt de preferat pe vehiculele foarte mari (autocamioane, locomotive, autotrenuri, vehicule militare, vehicule speciale, ambarcațiuni de tip yahturi, sau vaporașe), (a se urmări fig. 8 și 9).

Fig. 8. *Motor V12 modern de mare litraj și putere; echilibrare foarte bună*

Motoarele V12

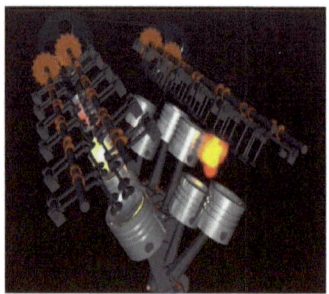

Motoarele V12 sunt motoare cu configurație V cu 12 cilindri montați în blocul motor în 2 bancuri de câte 6 cilindri.

Fig. 9. *Ambielajul unui motor V12 modern de mare litraj și putere; echilibrare foarte bună*

În figura 10 se prezintă mega motoare diesel în V cu 12 cilindri, de putere foarte mare; un astfel de motor este utilizat la navele maritime uriașe, singur sau în soluție hibrid împreună cu o turbină cu gaz.

Fig. 10. *Motor V12 diesel uriaș utilizat pe navele maritime foarte mari*

Datorită calităților sale (putere, dinamică, robustețe, suplețe, fiabilitate, compactitate, randament mare, sarcină mare, consum redus, etc) motorul în V a pătruns și în lumea curselor de automobile, echipând cele mai bune mașini. O soluție utilizată de cei mai renumiți constructori (Volkswagen, Lancia, Ford, Nissan, Alfa Romeo, Yamaha) este cea prezentată în figura 11, unde se poate vedea axonometria unui motor rapid V6, cu 24 supape, adică un șase cilindri în V (trei și trei), cu patru supape pe cilindru (distribuție variabilă realizată cu patru arbori cu came poziționați direct în chiulasă pentru a se elimina tija și culbutorul).

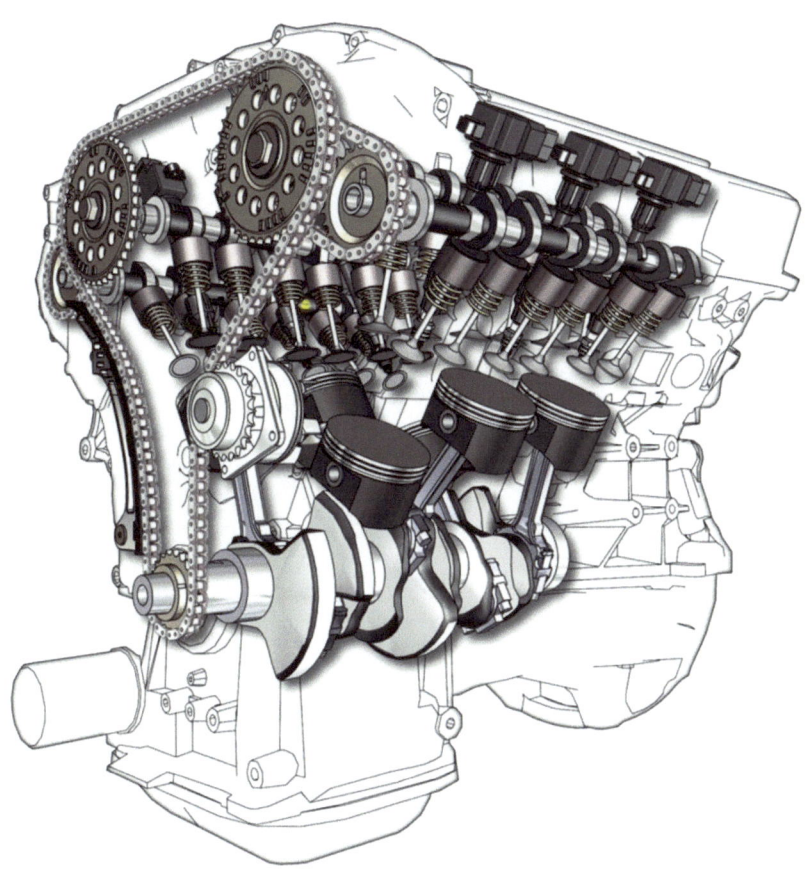

Fig. 11. *Motor V6 turbo cu 24 supape, pentru curse (axonometrie)*

În figura 12 se pot observa câteva modele constructive ale motorului V6 rapid (de curse).

Fig. 12. *Motoare V6 turbo cu 24 supape, pentru curse, (aspect constructiv)*

Alți mari constructori auto preferă pentru mașinile de curse (formula unu) motoarele V12, mult mai puternice, mai dinamice și cu o echilibrare și mai bună.

În figura 13 se prezintă o soluție constructivă de tip V12 adoptată de firma Ferrari.

Fig. 13. *Motor Ferrari V12 turbo pentru curse, (aspect constructiv)*

În figura 14 este prezentat un V12 realizat de Jaguar.

Fig. 14. *Motor Jaguar V12 (aspect constructiv)*

În figura 15 este prezentat un V12 realizat de firma Lamborghini.

Fig. 15. *Motor Lamborghini V12 (aspect constructiv)*

Figura 16 prezintă un V12 realizat de firma Honda.

Fig. 16. *Motor Honda V12 (aspect constructiv)*

3.2. Sinteza motorului în V în funcţie de unghiul alfa

Sinteza cinematică şi dinamică a motoarelor în V se poate face în funcţie de unghiul constructiv alfa (α).

Acest unghi constructiv alfa (vezi figura 17) a fost ales în general după diferite criterii sau cerinţe constructive (unghiul V-ului este determinat de numărul de cilindri şi de condiţia de obţinere a aprinderilor uniform repartizate).

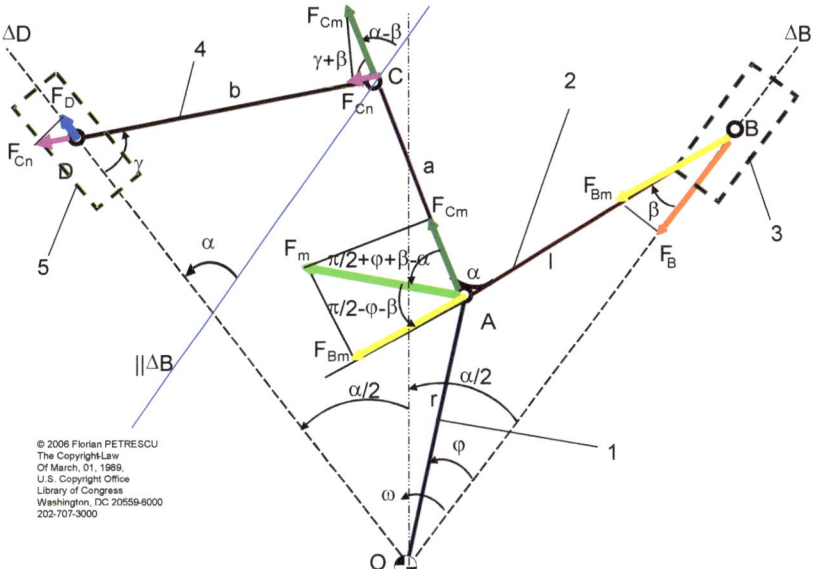

V Motors' Kinematics and Dynamics Synthesis by the Constructive Angle Value (α); Forces Distribution, Angles, Elements and Couples (Joints) Positions; a+b=l

Fig. 17. *Schema cinematică a unui motor în V (caz general)*

Prezenta lucrare propune sintetizarea acestui unghi după criterii cinematico-dinamice riguroase, astfel încât motorul în V rezultat să lucreze silenţios, cu vibraţii şi zgomote mult mai reduse. Acesta este chiar dezavantajul principal al unui motor în V şi anume faptul că el lucrează cu vibraţii mai ridicate comparativ cu un motor în linie de aceeaşi putere [1, 6-12].

Autorii prezentei lucrări au studiat timp de mai mulți ani împreună cu un colectiv de cercetare mixt (IPB-Intreprinderea Autobuzul) comportamentul dinamic al motoarelor în V [6-8], nivelul de vibrații și zgomote produse, nivelul celor transmise în interiorul autovehiculelor, posibilitatea limitării acestora prin diferite soluții de prindere și izolare a motorului respectiv. Rezultatele au fost bune dar nu foarte bune. După măsurători similare efectuate pe alte tipuri de motoare s-a hotărât utilizarea unor motoare în linie, mult mai silențioase decât cele în V. Între timp motoarele s-au îmbunătățit dar și standardele internaționale care limitează nivelele de vibrații și zgomote au devenit tot mai pretențioase.

Motorul în V, are foarte mulți iubitori, el fiind mai compact, mai dinamic, mai robust, mai puternic, și funcționând cu randamente superioare față de motoarele similare în linie. Fanii săi nu sunt însă numai iubitorii de curse, motocicliștii și obișnuința, existând în realitate un public larg consumator care nu dorește decât mașini echipate cu motoare nervoase în V (Ca să-i împăcăm și pe ei dar și pe cei care fac normele de limitare a emisiilor autoturismelor, am gândit această lucrare menită să aducă o soluție echitabilă în ceea ce privește motoarele în V).

3.2.1. Ideia de bază

După zeci de ani de muncă în domeniul mecanismelor și al mașinilor, prin experiența acumulată, am observat un fapt interesant. La motoarele în linie transmiterea forțelor și a vitezelor se face normal și de la arborele conducător (motor) la pistoane (prin intermediul bielelor) și invers (în timpii motori). La motorul în V transmiterea forțelor și a vitezelor între elemente se face forțat și inegal indiferent de sensul de transmitere (de la manivelă la pistoane, sau de la pistoane la manivelă).

Dinamica impusă pistonului principal este una, iar cea impusă pistonului secundar este alta, astfel încât vitezele dinamice (vitezele reale impuse) diferă și odată cu ele și feetbackul pistoanelor către manivelă (către arborele motor), ca și cum fiecare ar dori să impună o altă viteză pentru arborele principal. Dacă așa stau lucrurile la o pereche de pistoane, pentru mai multe perechi de pistoane smuciturile rezultante în funcționare vor fi mai multe și mai mari, producând vibrații și zgomote suplimentare, în timpul funcționării motorului.

Soluția evidentă este optimizarea dinamică a fiecărei perechi de pistoane în parte.

Această optimizare s-a făcut pe baza coeficienților dinamici ai fiecărui piston. Coeficientul dinamic al unui piston arată cu cât variază viteza unghiulară reală (dinamică) a manivelei comparativ cu viteza unghiulară medie impusă de turația arborelui motor. Această variație [3, 4] se datorează mai multor factori cinematici, cinetostatici și dinamici, fiind ea însăși o funcție și de parametrii constructivi ai motorului.

La mecanismele obișnuite avem un singur coeficient dinamic, așa cum se întâmplă și la motoarele în linie. La motorul în V apar doi coeficienți dinamici impuși manivelei și deci și arborelui motor de către cele două pistoane legate împreună (biela pistonului secundar se leagă de biela pistonului principal), (a se vedea figura 17). Cei doi coeficienți dinamici diferă între ei și își schimbă valorile permanent în funcție de unghiul de poziționare al manivelei (al arborelui motor).

Acest lucru arată că fiecare piston (cel principal și cel secundar) încearcă să-și impună arborelui principal dinamica sa, astfel încât rezultatul final este o funcționare cu zbateri, deoarece cele două pistoane trag „unul hăis și altul cea" (ca să folosim o expresie populară, clară, dar din păcate neacademică). Soluția posibilă (singura, unica soluție) este egalarea celor doi coeficienți dinamici, astfel încât din doi să avem permanent numai un singur coeficient dinamic asemenea motoarelor în linie. Mai exact trebuie să scriem o relație matematică în care egalăm expresia coeficientului dinamic al motorului (pistonului) principal cu cea a motorului (pistonului) secundar (acum se poate observa faptul că motorul în V este construit din câte două motoare comasate; fig. 17). Relațiile care rezultă sunt destul de complicate [5].

Optimizarea pe baza relației obținute se poate face în mai multe moduri. Cel mai firesc apare ca această optimizare să se facă ținând cont de parametrii constructivi ai motorului în V, în special de unghiul constructiv alfa, care apare de două ori în schema cinematică a unui motor în V clasic: odată el reprezintă unghiul de montaj format de cele două axe ale celor două pistoane cuplate (unghiul format de axa de ghidaj a pistonului principal cu axa de ghidare a pistonului secundar); iar a doua oară acest unghi constructiv apare pe elementul

2 (biela pistonului principal) între cele două brațe ale elementului doi, AB și AC.

3.2.2. Sinteza propriuzisă a motoarelor în V
3.2.2.1. Prezentare generală

În figura 17 este prezentată schema cinematică a unui motor în V. Manivela 1 se rotește în sens trigonometric cu viteza unghiulară ω și acționează biela 2 care mișcă pistonul principal 3 de-a lungul axei ΔB, dar și biela 4 care la rândul ei împinge sau trage pistonul 5 în lungul axei ΔD. Aici apare unghiul constructiv α între cele două axe ΔB și ΔD.

Același unghi α este format de cele două brațe ale bielei 2; primul braț are lungimea l, și al doilea are lungimea a; această lungime a, adunată cu lungimea b a bielei 4 trebuie să recompună lungimea primei biele l (este o condiție constructiv funcțională generală a motoarelor în V; pentru a elimina unghiul constructiv alfa care apare pe biela 2, se trece uneori la un caz particular în care brațul a este scurtat la valoarea particulară 0, caz în care lungimea b devine egală cu l, iar prelungirea a de pe prima bielă a motorului în V dispare astfel încât unghiul constructiv alfa de pe biela principală dispare și el, rămânând valabil doar unghiul constructiv alfa dintre ghidajele celor două pistoane).

Forța motoare a manivelei F_m este perpendiculară pe brațul r al manivelei, în A. O parte din ea (F_{Bm}) se transmite primului braț al bielei 2 (dealungul lui l) către pistonul principal 3. A doua parte din forța motoare (F_{Cm}) se transmite către pistonul secundar 5, prin brațul al doilea al primei biele (dealungul lui a).

3.2.2.2. Forțe și viteze

O parte x, din forța motoare F_m, se transmite către primul piston (elementul 3) și o altă parte din ea y, se transmite spre al doilea piston (elementul 5); suma celor două părți x și y este 1 sau 100% luată în procente.

Vitezele dinamice au aceeași direcție cu forțele [3-5], spre deosebire de vitezele cinematice impuse de legăturile din cuple.

De la elementul 2 (prima bielă, primul ei braț) se transmite către pistonul principal (elementul 3) forța F_B și viteza v_{BD}.

Viteza cinematică (impusă de cuple) a punctului B, are valoarea cunoscută v_B, [5], în general diferită de cea dinamică v_{BD}.

Pentru a forța pistonul principal să aibă o viteză egală cu cea dinamică (reală), introducem conceptul de coeficient dinamic D_B, ($D_B = x \cdot \cos^2 \beta$) cu ($v_{BD} = D_B \cdot v_B$), adică viteza dinamică este egală cu produsul dintre viteza cinematică și coeficientul dinamic D_B. Viteza motoare (pe aceeași direcție cu forța motoare și având același sens cu aceasta) este dată de relația ($v_m = r \cdot \omega$).

În C, F_{Cm} și v_{Cm} se proiectează în F_{Cn} și v_{Cn}.

Acestea la rândul lor se proiectează în D pe axa ΔD, în F_D și v_D (viteza dinamică a celui de al doilea piston). Viteza cinematică are o altă expresie s_{Dp}, cunoscută deasemenea. Introducem acum al doilea coeficient dinamic (datorat celui de al doilea piston), D_D [5], unde ($v_D = D_D \cdot s_{Dp}$).

3.2.2.3. Determinarea coeficientului dinamic, D

Coeficientul dinamic al mecanismului, D, se impune întregului mecanism, el influențând efectiv funcționarea acestuia în frunte cu viteza de rotație a manivelei (arborele cotit). Pentru orice mecanism trebuie să avem practic un singur coeficient dinamic.

La motoarele în V coeficientul dinamic real este rezultatul unui compromis de moment (aleator) între valorile momentane ale celor doi coeficienți dinamici diferiți impuși de cele două pistoane (motoare) diferite legate împreună în motorul în V (și nu trebuie neapărat ca această valoare instantanee să fie o medie a celor două valori diferite). Din acest motiv funcționarea generală a motoarelor în V este mai zgomotoasă.

Soluția ideală (imediată) este evident aducerea celor doi coeficienți dinamici la valori apropiate sau dacă este posibil chiar egale. În acest scop am egalat expresiile celor doi coeficienți dinamici pentru a vedea ce soluții există pentru rezolvarea ecuației obținute în alfa, α.

Expresia este complexă și are mai multe variabile (diverșii parametrii constructivi ai motorului în V). S-a încercat o sinteză analitică cu ajutorul unui program de calcul complex, prin care s-a căutat gasirea soluțiilor generale alfa ale sistemului, indiferent de valorile celorlalți parametrii constructivi, astfel încât coeficienții dinamici să prezinte valori egale, iar motorul astfel construit (sintetizat) să funcționeze fără șocuri și vibrații, fără zgomote și cu o emisie de noxe redusă, cu randamente ridicate, cu puteri mari realizate chiar cu un consum mai mic de combustibil. Totul pe baza funcționării normale (optime) a întregului lanț cinematic format din arbore cotit, două pistoane motoare și două biele, toate cuplate între ele și în trei puncte legate și la elementul fix.

3.2.3. Analiza dinamică

Analiza dinamică a sistemului, sau sinteza dinamică a motorului prin aceste relații complexe [5], a scos în evidență o plajă de valori pentru unghiul α, care conform teoriei expuse sunt susceptibile să ducă la sinteza unor motoare în V optime (a se vedea tabelul din figura 18).

α [GRAD]
0 – 8
12 – 17
23 – 25
155 – 156
164 – 167
173 – 179

Fig. 18. *Tabel cu valori preferențiale ale unghiului alfa constructiv, pentru a realiza o sinteză optimă dinamică a motorului în V, indiferent de valorile celorlalți parametri constructivi*

Pentru niște parametri constructivi aleși aleator (r=0.01 [m], l=0.1 [m], a=0.03 [m], b=0.07 [m]) și o turație aleasă a arborelui motor de n=5000 [rot/min], obținem trei diagrame diferite pentru deplasarea și accelerația pistoanelor, corespunzătoare la trei unghiuri α alese aleator (5^0, 75^0 și 95^0), (a se vedea figurile 19-21).

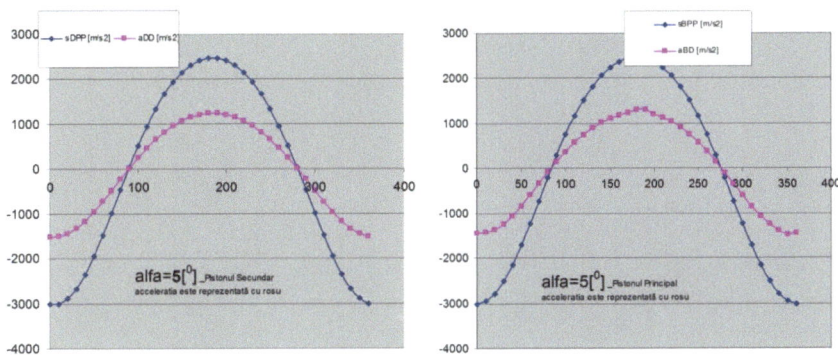

Fig. 19. *Deplasări și accelerații dinamice (alfa=5 [deg]) ale pistoanelor*

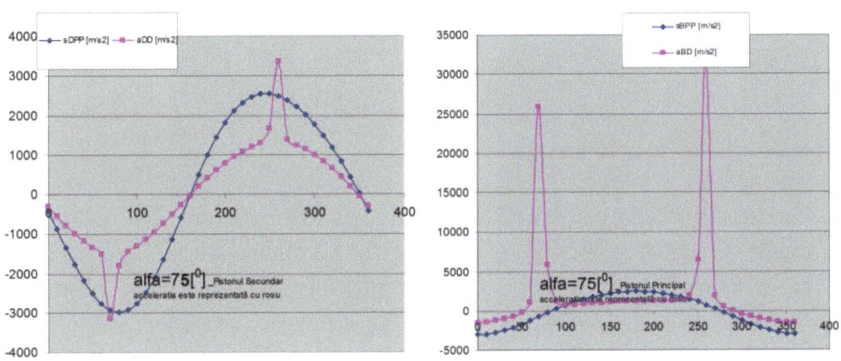

Fig. 20. *Deplasări și accelerații dinamice (alfa=75 [deg]) ale pistoanelor*

În diagramele reprezentate în figurile 19-21, în stânga apare pistonul secundar, iar în dreapta se vede pistonul principal. Pentru a nu complica figurile s-au reprezentat în fiecare diagramă numai două componente ale pistoanelor respective și anume deplasarea lor dinamică (cu culoare mai intensă) și accelerația lor dinamică (ținând cont și de șocurile în funcționare; cu un gri mai puțin intens).

89

Se precizează că ele au rezultat prin unificarea coeficienților dinamici, deci practic nu mai poate fi vorba de deplasarea, sau accelerația clasică din cinematica cunoscută.

În diagramele din figura 18 s-a ales un unghi constructiv alfa de 5 grade sexazecimale, situat în plaja de valori indicate de tabelul din figura 18 (5 se situează în intervalul indicat de 0-8 deg), astfel încât funcționarea ambelor pistoane este liniștită, deplasările lor dinamice și accelerațiile lor dinamice fiind foarte apropiate de cele din cinematica clasică cunoscută; în plus aspectul diagramelor este unul sinusoidal simplu.

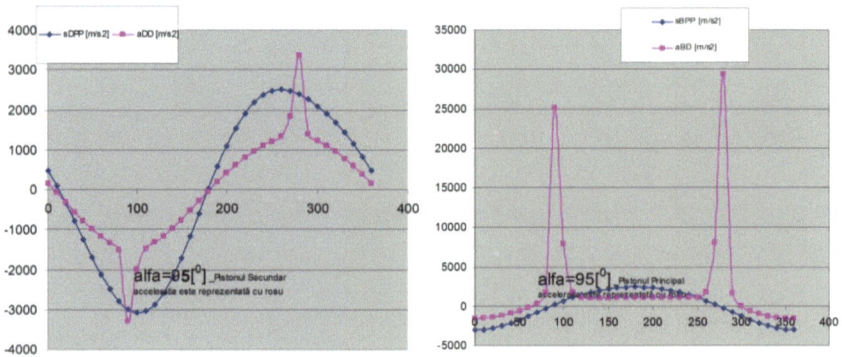

Fig. 21. *Deplasări și accelerații dinamice (alfa=95 [deg]) ale pistoanelor*

În diagramele reprezentate în figurile 20 și 21 cinematica dinamică s-a înrăutățit mult pentru pistonul principal și s-a deteriorat ușor pentru pistonul secundar; s-au ales pentru unghiul constructiv alfa două valori aleatoare, 75 și 95 deg, situate în afara intervalelor indicate în tabelul 18, dar fiind valori apropiate de cele utilizate de multe ori în practică. Multe motoare în V au unghiul alfa constructiv de 90 deg, sau 95-100, ori 75-90. Aceste valori nu sunt indicate în tabelul 18, și chiar dacă nu generează situațiile cele mai critice (cum ar fi cazul pentru alfa=90 deg de exemplu) totuși prezintă o funcționare defectoasă, cu șocuri mari (mai ales pentru pistonul principal).

Valoarea de cinci grade se situează în plaja de valori indicate ca fiind corespunzătoare, astfel încât vârfurile accelerațiilor abia dacă depășesc valoarea de 1000 [m/s²] la ambele pistoane (a se vedea diagramele din fig. 19).

Diagramele din figurile 20 și 21 sunt oarecum asemănătoare (dar nu chiar identice) și prezintă situații utile deasemenea, chiar dacă vârfurile accelerațiilor au crescut la circa 3500 [m/s²] pentru pistonul secundar și aproximativ 30000 [m/s²] pentru pistonul principal. Unghiurile de 75 și 95 grade iată că pot fi și ele folosite (cel puțin pentru parametrii constructivi indicați), lucru care va bucura desigur pe constructorii vechi și împătimiți ai motoarelor în V, care doresc o schimbare în bine fără prea multe modificări (există foarte multe motoare în V construite cu unghiuri alfa foarte apropiate de 90 grade care nu lucrează totuși optim; acestea ar putea fi ușor modificate la valoarea optimă; probabil 95 grade, dar unghiul optim ar putea să se modifice puțin odată cu schimbarea parametrilor constructivi r, l, a, b; relațiile exacte de calcul pot fi găsite și în lucrarea [5]). Un motor în V care atinge local pentru pistonul principal (cel mai solicitat) 30000 [m/s²] la o turație a arborelui conducător de 5000 [rot/min], (e vorba de un șoc local doar) va lucra similar cu motoarele în linie dar cu puteri și randamente mai ridicate.

Totuși utilizarea valorilor constructive indicate în tabelul din figura 2 pentru unghiul alfa, poate duce la construcția unui motor în V mult mai silențios decât cel în linie.

Precizare.

Diagramele de accelerații prezentate au fost construite pe baza unei metode originale, ele fiind rezultatul unor calcule complexe [5], și reprezentând accelerațiile dinamice (care conțin și șocurile din funcționare, adică vârfurile de accelerații instantanee); dacă șocurile sunt foarte mici, diagramele prezintă practic accelerațiile; când șocurile sunt vizibile diagramele prezintă accelerațiile și vârfurile acestora; atunci când șocurile sunt mari sau foarte mari diagramele vor înregistra doar șocurile sistemului accelerațiile mult mai mici (suprapuse) nemaiputându-se observa (aceste cazuri însă nu ar fi de dorit în funcționarea motoarelor în V).

3.2.4. Observații și concluzii

Cu valorile din tabel ale unghiului constructiv α, se poate sintetiza un motor în V mai silențios, indiferent de valoarea pe care o au ceilalți parametrii constructivi ai motorului în V.

O primă observație care rezultă din citirea valorilor indicate pentru unghiul alfa optim tabelat, este aceea că valorile apropiate de 90 grade nu apar, iar în general pentru aceste valori (dealtfel des utilizate în practica motoarelor în V) programul de calcul arată o dinamică mult înrăutățită pentru motorul care ar fi construit cu un unghi α=90 grade.

Există posibilitatea găsirii unor valori particulare pentru unghiul α, care să ia și alte valori (eventual chiar mai apropiate de unghiul de 90 grade) dar cu stabilirea unor valori particulare pentru toți ceilalți parametrii constructivi.

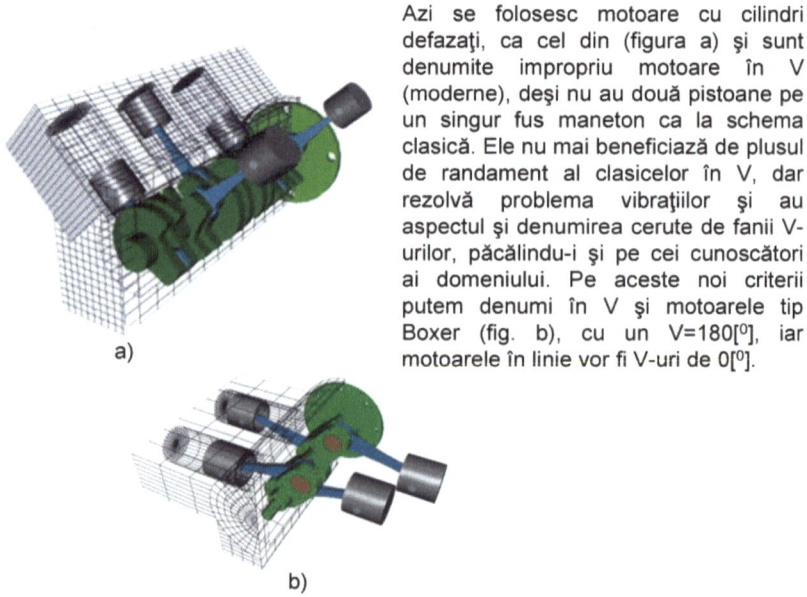

Azi se folosesc motoare cu cilindri defazați, ca cel din (figura a) și sunt denumite impropriu motoare în V (moderne), deși nu au două pistoane pe un singur fus maneton ca la schema clasică. Ele nu mai beneficiază de plusul de randament al clasicelor în V, dar rezolvă problema vibrațiilor și au aspectul și denumirea cerute de fanii V-urilor, păcălindu-i și pe cei cunoscători ai domeniului. Pe aceste noi criterii putem denumi în V și motoarele tip Boxer (fig. b), cu un V=180[º], iar motoarele în linie vor fi V-uri de 0[º].

Fig. 22. *Scheme de noi (pseudo)motoare în V*

În afara valorilor indicate apar şocuri foarte mari, care foarte greu pot fi izolate de cele mai moderne tampoane, astfel încât vibraţiile se fac simţite în habitaclul autovehiculului, aducând cu sine inconfort şi nesiguranţă, acestea din urmă fiind amplificate şi de zgomotele nefireşti care se produc în urma unor şocuri atât de mari.

Deoarece valorile propuse în tabel sunt (cel puţin pentru început) dificil de realizat de către constructorii de motoare în V şi greu de acceptat de motoriştii pentru care unghiul trebuie dat doar de numărul de cilindri şi de condiţia de obţinere a aprinderilor uniform repartizate, autorii acestei lucrări propun antamarea încercărilor prin soluţii particulare armonizate (vezi şi [5]).

O observaţie importantă ar mai fi aceea că astăzi se folosesc scheme noi (a se observa figura 22, a) de motoare în V, care pentru a elimina vibraţiile au montat un singur piston pe un fus maneton şi au înclinat axele la pistoane una spre dreapta alta spre stânga pentru a da aspectul de motor în V; este vorba de un pseudo-motor în V deoarece nu mai avem două pistoane pe un fus maneton (pe o manivelă) iar plusul de randament dispare fiind înlocuit cu cilindree sporite pentru ca motoarele să fie puternice şi dinamice (nervoase). La fel de bine am putea utiliza motoare în linie sau cu cilindri opuşi (boxeri) spunând că avem un V de 0 respectiv 180 [^{0}] (vezi 22, b).

3.2.5. Relaţiile de calcul

Forţa motoare la manivelă F_m este perpendicular pe raza manivelei r, în A. O parte din ea (F_{Bm}) se transmite primului braţ al bielei principale 2 (în lungul lui l) către pistonul principal 3 (relaţia 1). O altă parte din forţa motoare la manivelă, (F_{Cm}) se transmite către pistonul secundar 5, în lungul celui de al doilea braţ al bielei principale 2 (pe direcţia lui a, conform relaţiei 2).

$$F_{B_m} = x \cdot F_m \cdot \cos[\frac{\pi}{2} - (\varphi + \beta)] = \\ = x \cdot F_m \cdot \sin(\varphi + \beta) \qquad (1)$$

$$F_{C_m} = y \cdot F_m \cdot \cos[\frac{\pi}{2} + \varphi + \beta - \alpha] =$$
$$= y \cdot F_m \cdot \sin(\alpha - \varphi - \beta) \qquad (2)$$

Niște procente x din forța motoare F_m, se transmit către pistonul principal 3, și alte procente y din ea se transmit către pistonul secundar 5; suma dintre x și y trebuie să aibă mereu valoarea 1 sau procentual valoarea 100%.

Vitezele dinamice au aceleași direcții cu forțele corespunzătoare lor (relațiile 3 și 4).

$$v_{B_m} = x \cdot v_m \cdot \cos[\frac{\pi}{2} - (\varphi + \beta)] =$$
$$= x \cdot v_m \cdot \sin(\varphi + \beta) \qquad (3)$$

$$v_{C_m} = y \cdot v_m \cdot \cos[\frac{\pi}{2} + \varphi + \beta - \alpha] =$$
$$= y \cdot v_m \cdot \sin(\alpha - \varphi - \beta) \qquad (4)$$

De la elementul doi (prima bielă, brațul ei principal) către pistonul principal 3 se transmite forța F_B (relația 5) și viteza dinamică v_{BD} (relația 6).

$$F_B = F_{B_m} \cdot \cos\beta =$$
$$= x \cdot F_m \cdot \sin(\varphi + \beta) \cdot \cos\beta \qquad (5)$$

$$v_{B_D} = v_{B_m} \cdot \cos\beta =$$
$$= x \cdot v_m \cdot \sin(\varphi + \beta) \cdot \cos\beta \qquad (6)$$

Viteza cinematică cunoscută impusă de cuplele cinematice ale mecanismului se exprimă prin relația 7.

$$v_B = v_m \cdot \sin(\varphi + \beta) \cdot \frac{1}{\cos \beta} \qquad (7)$$

Pentru a forţa viteza pistonului să atingă valoarea dinamică prezisă, se introduce coeficientul dinamic D_B (conform relaţiei 8):

$$D_B = x \cdot \cos^2 \beta \qquad (8)$$

Unde,

$$v_{B_D} = D_B \cdot v_B \qquad (9)$$

$$v_m = r \cdot \omega \qquad (10)$$

Acum se vor putea scrie relaţiile cinematice şi pentru cel de al doilea piston. În C, F_{Cm} şi v_{Cm} se proiectează în F_{Cn} (relaţia 11) şi respectiv v_{Cn} (relaţia 12).

$$\begin{aligned} F_{C_n} &= F_{C_m} \cdot \cos(\gamma + \beta) = \\ &= y \cdot F_m \cdot \sin(\alpha - \varphi - \beta) \cdot \cos(\gamma + \beta) \end{aligned} \qquad (11)$$

$$\begin{aligned} v_{C_n} &= v_{C_m} \cdot \cos(\gamma + \beta) = \\ &= y \cdot v_m \cdot \sin(\alpha - \varphi - \beta) \cdot \cos(\gamma + \beta) \end{aligned} \qquad (12)$$

Forţa ce se transmite în lungul celei de a doua biele (F_{Cn}) se proiectează în D pe axa ΔD sub forma F_D (conform relaţiei 13).

$$F_D = F_{C_n} \cdot \cos \gamma = y \cdot F_m \cdot \sin(\alpha - \varphi - \beta) \cdot \cos(\gamma + \beta) \cdot \cos \gamma \qquad (13)$$

Viteza dinamică în D este dată de relaţia (14):

$$v_D = v_{C_n} \cdot \cos \gamma = y \cdot v_m \cdot \sin(\alpha - \varphi - \beta) \cdot \cos(\gamma + \beta) \cdot \cos \gamma \quad (14)$$

Viteza cinematică clasică a lui D impusă de cuplele cinematice este dată de relația (15):

$$\dot{s}_D = v_D = \frac{v_m}{\cos \gamma \cdot l \cdot \cos \beta} \cdot [l \cdot \cos \beta \cdot \sin(\gamma + \alpha - \varphi) - a \cdot \cos \varphi \cdot \sin(\gamma + \beta)] \quad (15)$$

Coeficientul dinamic în D se determină cu relațiile (16):

$$\begin{cases} D_D = \dfrac{N}{n} \\ N = (1-x) \cdot l \cdot \sin(\alpha - \varphi - \beta) \cdot \cos(\gamma + \beta) \cdot \cos^2 \gamma \cdot \cos \beta \\ n = l \cdot \cos \beta \cdot \sin(\gamma + \alpha - \varphi) - a \cdot \cos \varphi \cdot \sin(\gamma + \beta) \end{cases} \quad (16)$$

Se pune condiția unificării coeficienților dinamici într-unul singur, D (conform relațiilor 17):

$$\begin{cases} D = D_D = D_B \Rightarrow x = \dfrac{N_x}{n_x} \\ N_x = l \cdot \sin(\alpha - \varphi - \beta) \cdot \\ \cdot \cos(\gamma + \beta) \cdot \cos^2 \gamma \\ n_x = l \cdot \cos^2 \beta \cdot \sin(\gamma + \alpha - \varphi) - \\ - a \cdot \cos \beta \cdot \cos \varphi \cdot \sin(\gamma + \beta) + \\ l \cdot \sin(\alpha - \varphi - \beta) \cdot \cos(\gamma + \beta) \cdot \cos^2 \gamma \\ D = D_B = x \cdot \cos^2 \beta \end{cases} \quad (17)$$

Din aceste condiții care țintesc unificarea celor doi coeficienți dinamici D_B și D_D într-unul singur D, se explicitează valoarea variabilei procentuale x (relația 17), în funcție de valoarea parametrului constructiv alfa și de ceilalți parametri cunoscuți.

B3. Bibliografie

[1] GRUNWALD B., *Teoria, calculul și construcția motoarelor pentru autovehicule rutiere*. Editura didactică și pedagogică, București, 1980.

[2] Petrescu, F.I., Petrescu, R.V., *Câteva elemente privind îmbunătățirea designului mecanismului motor*, Proceedings of 8th National Symposium on GTD, Vol. I, p. 353-358, Brasov, 2003.

[3] Petrescu, F.I., Petrescu, R.V., *An original internal combustion engine*, Proceedings of 9th International Symposium SYROM, Vol. I, p. 135-140, Bucharest, 2005.

[4] Petrescu, F.I., Petrescu, R.V., *Determining the mechanical efficiency of Otto engine's mechanism*, Proceedings of International Symposium, SYROM 2005, Vol. I, p. 141-146, Bucharest, 2005.

[5] Petrescu, F.I., Petrescu, R.V., *V Engine Design*, Proceedings of International Conference on Engineering Graphics and Design, ICGD 2009, Cluj-Napoca, 2009.

[6]. FRĂȚILĂ, Gh., SOTIR, D., *PETRESCU, F., PETRESCU, V.*, ș.a. *Cercetări privind transmisibilitatea vibrațiilor motorului la cadrul și caroseria automobilului*. În a IV-a Conferință de Motoare, Automobile, Tractoare și Mașini Agricole, CONAT-matma, Brașov, 1982, Vol. I, p. 379-388.

[7]. MARINCAȘ, D., SOTIR, D., *PETRESCU, F., PETRESCU, V.*, ș.a. *Rezultate experimentale privind îmbunătățirea izolației fonice a cabinei autoutilitarei TV-14*. În a IV-a Conferință de Motoare, Automobile, Tractoare și Mașini Agricole, CONAT-matma, Brașov, 1982, Vol. I, p. 389-398.

[8]. FRĂȚILĂ, Gh., MARINCAȘ, D., BEJAN, N., FRĂȚILĂ, M., *PETRESCU, F., PETRESCU, R.*, RĂDULESCU, I. *Contributions a l'amelioration de la suspension du groupe moteur-transmission*. În buletinul Universității din Brașov, Seria A, Mecanică aplicată, Vol. XXVIII, 1986, p. 117-123.

[9]. Fjoseph L. Stout – Ford Motor Co., I. *Engine Excitation Decomposition Methods and V Engine Results.* In SAE 2001 Noise & Vibration Conference & Exposition, USA, 2001-01-1595, April 2001.

[10]. D. Taraza, "Accuracy Limits of IMEP Determination from Crankshaft Speed Measurements," *SAE Transactions, Journal of Engines* 111, 689-697, 2002.

[11]. FROELUND, K., S.C. FRITZ, and B. SMITH., *Ranking Lubricating Oil Consumption of Different Power Assemblies on an EMD 16-645E Locomotive Diesel Engine.* Presented at and published in the Proceedings of the 2004 CIMAC Conference, Kyoto, Japan, June 2004.

[12]. Leet, J.A., S. Simescu, K. Froelund, L.G. Dodge, and C.E. Roberts Jr., *Emissions Solutions for 2007 and 2010 Heavy-Duty Diesel Engines.* Presented at the SAE World Congress and Exhibition, Detroit, Michigan, March 2004. SAE Paper No. 2004-01-0124 , 2004.

Cap. 4. DETERMINAREA RANDAMENTULUI MECANIC LA SISTEMUL BIELĂ MANIVELĂ PISTON

Mecanismul bielă manivelă piston a avut multe întrebuințări, fiind utilizat în special în două moduri principale, ca mecanism motor ori pe post de compresor. În motoarele cu ardere internă în patru timpi mecanismul bielă manivelă piston este mecanism motor numai un singur timp (detenta) din totalul celor patru [1]. În ceilalți trei timpi mecanismul se comportă asemeni unui compresor, el primind puterea (fiind acționat) dinspre manivelă (arborele cotit) și împingând pistonul (în cei doi timpi de compresie respectiv evacuare) sau trăgând de el (la admisie). Practic ciclul energetic al motorului în patru timpi este parcurs în două cicluri cinematice complete.

Randamentul mecanismului motor (acționat de puterea pistonului) diferă de cel al mecanismului compresor (acționat de la manivelă) [1].

Din acest motiv se vor studia separat cele două cazuri distincte:

A. Când mecanismul lucrează în regim de motor, fiind acționat de piston;
B. Când mecanismul lucrează în regim de compresor (sau pompă), fiind acționat de arborele cotit.

În figura 1 se poate vedea schema cinematică a mecanismului bielă manivelă piston. Parametrii constructivi ai mecanismului sunt: r, raza manivelei (sau distanța de la axul fusului palier la axul fusului maneton); l, lungimea bielei (distanța de la axul fusului maneton până la axul bolțului pistonului); e, excentricitatea (distanța de la axul fusului palier la axa de ghidaj a pistonului). Mecanismul este poziționat de unghiul, φ, care reprezintă unghiul de rotație și poziționare al manivelei. Biela este poziționată de unul din cele două unghiuri, α sau ψ (a se vedea figura 1). Distanța de la centrul de rotație al manivelei O, la centrul bolțului pistonului B, proiectată pe axa de translație a pistonului se notează cu variabila y_B.

4.1. Cinematica mecanismului bielă manivelă piston

Se proiectează ecuația vectorială a conturului mecanismului pe două axe plane rectangulare Ox și Oy și se obțin cele două relații scalare de poziții ale mecanismului, date de sistemul de poziții 1 (figura 1).

$$\begin{cases} r \cdot \cos \varphi + l \cdot \cos \psi = -e \\ r \cdot \sin \varphi + l \cdot \sin \psi = y_B \end{cases} \quad (1)$$

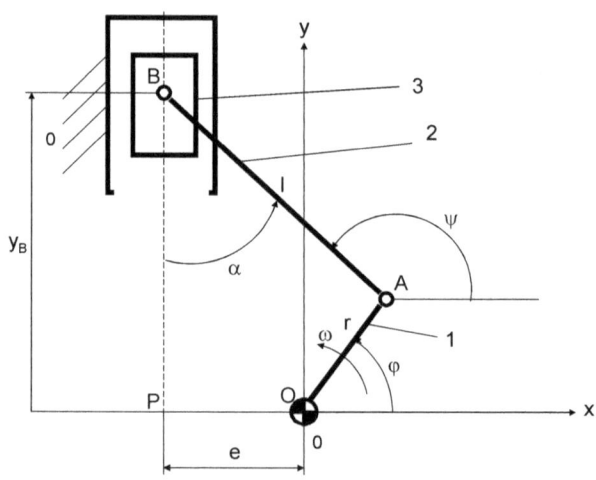

Fig. 1. Schema cinematică a mecanismului bielă manivelă piston

Se obișnuiește să se rezolve sistemul de poziții (1) decuplat, din prima relație a sistemului explicitându-se cosinusul unghiului ψ (conform relației 2), iar din cea de a doua izolându-se deplasarea s a pistonului (conform relației 3).

$$\cos \psi = -\frac{e + r \cdot \cos \varphi}{l} \quad (2)$$

$$s = y_B = r \cdot \sin \varphi + l \cdot \sin \psi \quad (3)$$

Prin derivarea sistemului de poziții (1) se obține sistemul vitezelor (4).

$$\begin{cases} -r \cdot \dot\varphi \cdot \sin\varphi - l \cdot \dot\psi \cdot \sin\psi = 0 \\ r \cdot \dot\varphi \cdot \cos\varphi + l \cdot \dot\psi \cdot \cos\psi = \dot y_B \end{cases} \quad (4)$$

Din prima relație a sistemului (4) se calculează viteza unghiulară $\dot\psi$, (conform relației 5) iar din a doua ecuație a sistemului de viteze (4) se determină viteza liniară a pistonului $\dot y_B$, (relația 6):

$$\dot\psi = -\frac{r \cdot \sin\varphi}{l \cdot \sin\psi} \cdot \dot\varphi \quad (5)$$

$$\dot y_B = r \cdot \dot\varphi \cdot \cos\varphi + l \cdot \dot\psi \cdot \cos\psi \quad (6)$$

Sistemul vitezelor (4) se derivează la rândul lui, pentru obținerea sistemului de accelerații (7).

$$\begin{cases} -r \cdot \dot\varphi^2 \cdot \cos\varphi - l \cdot \dot\psi^2 \cdot \cos\psi - l \cdot \ddot\psi \cdot \sin\psi = 0 \\ -r \cdot \dot\varphi^2 \cdot \sin\varphi - l \cdot \dot\psi^2 \cdot \sin\psi + l \cdot \ddot\psi \cdot \cos\psi = \ddot y_B \end{cases} \quad (7)$$

Din prima ecuație a sistemului (7) se calculează accelerația unghiulară $\ddot\psi$, (conform relației 8), iar din a doua ecuație a sistemului (7) se determină accelerația liniară a pistonului, $\ddot y_B$, (relația 9).

$$\ddot\psi = -\frac{r \cdot \dot\varphi^2 \cdot \cos\varphi + l \cdot \dot\psi^2 \cdot \cos\psi}{l \cdot \sin\psi} \quad (8)$$

$$\ddot y_B = l \cdot \ddot\psi \cdot \cos\psi - r \cdot \dot\varphi^2 \cdot \sin\varphi - l \cdot \dot\psi^2 \cdot \sin\psi \quad (9)$$

Unghiul α se exprimă în funcție de unghiul ψ, conform expresiei (10):

$$\alpha = \psi - 90 \quad (10)$$

Legăturile între funcțiile trigonometrice de bază ale acestor unghiuri se exprimă prin relațiile sistemului (11).

$$\begin{cases} \cos\alpha = \sin\psi \\ \sin\alpha = -\cos\psi \end{cases} \quad (11)$$

Sinusul unghiului α, sin α , se exprimă cu ajutorul relației (2) și a celei de a doua egalități din sistemul (11), obținându-se relația de forma (12).

$$\sin \alpha = \frac{e + r \cdot \cos \varphi}{l} \qquad (12)$$

Viteza pistonului capătă forma (13), [1].

$$\begin{aligned}
v_B = \dot{y}_B &= r \cdot \dot{\varphi} \cdot \cos \varphi + l \cdot \dot{\psi} \cdot \cos \psi = \\
&= r \cdot \dot{\varphi} \cdot \cos \varphi - \frac{r \cdot \dot{\varphi} \cdot \sin \varphi \cdot \cos \psi}{\sin \psi} = \\
&= \frac{r \cdot \dot{\varphi}}{\sin \psi} \cdot (\cos \varphi \cdot \sin \psi - \sin \varphi \cdot \cos \psi) = \qquad (13) \\
&= r \cdot \dot{\varphi} \cdot \frac{\sin(\psi - \varphi)}{\sin \psi} = r \cdot \omega \cdot \frac{\sin(\psi - \varphi)}{\sin \psi} \\
v_B &= r \cdot \omega \cdot \frac{\sin(\psi - \varphi)}{\sin \psi}
\end{aligned}$$

4.2. Determinarea randamentului mecanic al sistemului bielă manivelă piston, atunci când acesta lucrează în regim de motor, fiind acționat de către piston

Mecanismul bielă manivelă piston lucrează în regim de motor pe perioada unui singur timp din cei patru (sau din cei doi) timpi ai ciclului energetic al mecanismului utilizat la motoarele termice de tip Otto sau Diesel în patru timpi (sau respectiv la motoarele în doi timpi ori de tip Stirling). Timpul motor are o deplasare corespunzătoare a manivelei de circa 180 grade sexazecimale (aproximativ π radieni), când pistonul se mișcă de la punctul mort apropiat către punctul mort depărtat (deci atunci când pistonul se mișcă între două poziții extreme ale sale, dar în mod obligatoriu de la volumul minim către volumul maxim al spațiului de lucru al cilindrului respectiv – a se vedea figura 2), manivela plecând de la poziția a (în prelungire cu biela) și ajungând în poziția b (suprapusă peste bielă); acesta este timpul motor al ciclului energetic.

La motoarele de tip Otto, sau Diesel ciclul energetic conține două cicluri cinematice (este marele dezavantaj al acestor motoare), pe când la motoarele Lenoir, Stirling, Wankel, Atkinson ciclul energetic se suprapune cu cel cinematic (marele avantaj al acestor motoare) [1].

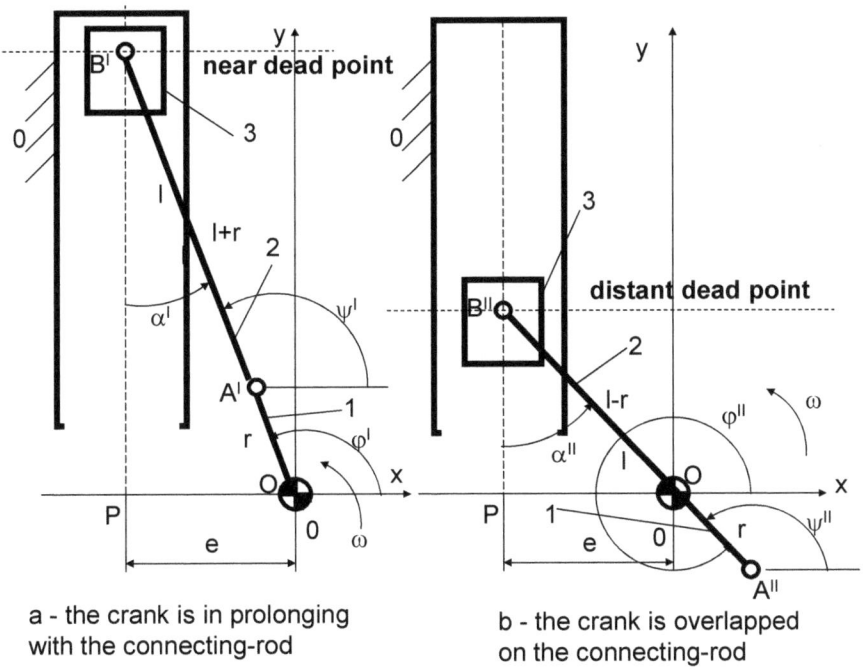

a - the crank is in prolonging with the connecting-rod

b - the crank is overlapped on the connecting-rod

Fig. 2. *Schemele cinematice ale mecanismului motor în pozițiile extreme; a) când manivela este în prelungirea bielei, b) când manivela se suprapune peste bielă*

Pentru a determina randamentul mecanismului bielă manivelă piston atunci când lucrează pe post de motor, este necesară determinarea distribuției forțelor din mecanism mergând de la piston către manivelă (a se urmări figura 3).

Forța motoare, consumată, (forța de intrare) F_m, se divide în două componente: 1) F_n – forța normală (orientată în lungul bielei); 2) F_τ – forța tangențială (perpendiculară în B, pe bielă); a se vedea sistemul (14); (în figura 3 ω este negativ, manivelei imprimându-i-se o rotație orară).

$$\begin{cases} F_n = F_m \cdot \cos \alpha = F_m \cdot \sin \psi \\ F_\tau = F_m \cdot \sin \alpha = -F_m \cdot \cos \psi \end{cases} \tag{14}$$

F_n este singura forță ce se transmite prin intermediul bielei (dea lungul ei) de la B la A (deoarece bara are mișcarea ei caracteristică, generală, de bielă, de roto-translație, neavând nici o legătură directă la batiu; când bara are o legătură, o cuplă la elementul fix, ea se transformă din bielă în balansier, și va putea transmite numai moment; al treilea caz posibil este cel al unei bare ce glisează într-un cilindru care are și o cuplă de rotație cu batiul, realizându-se o cuplă multiplă de rotație și translație, caz în care bara va avea o mișcare de bielă transmițând prin ea dea lungul ei o forță, dar va exista și o mișcare de rotație în jurul cuplei cu batiul transmițându-se astfel și moment).

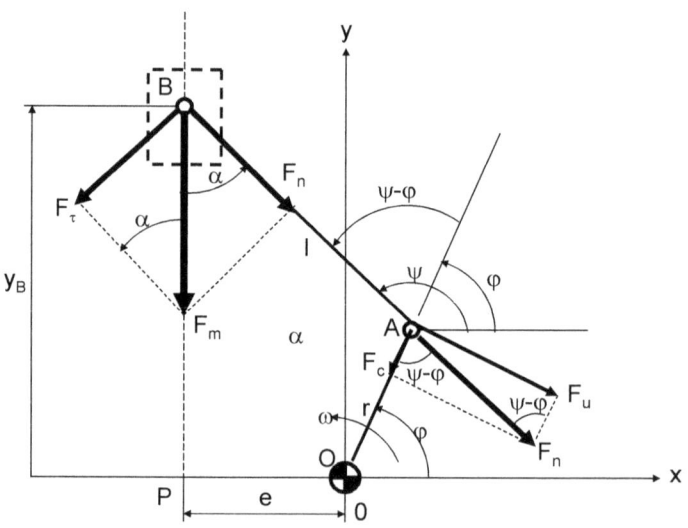

Fig. 3. *Forțele din mecanismul bielă manivelă piston, când puterea (forța motoare) se transmite de la piston spre manivelă*

În A, forța F_n se divide și ea în două componente: 1. F_u – forța utilă care este perpendiculară pe manivelă; și 2. F_c – forța de compresie sau de întindere, care acționează în lungul manivelei. A se vedea sistemul (15).

$$\begin{cases} F_u = F_n \cdot \sin(\psi - \varphi) = F_m \cdot \sin\psi \cdot \sin(\psi - \varphi) \\ F_c = F_n \cdot \cos(\psi - \varphi) = F_m \cdot \sin\psi \cdot \cos(\psi - \varphi) \end{cases} \quad (15)$$

Puterea utilă P_u, se poate scrie sub forma (16):

$$P_u = F_u \cdot v_A = F_u \cdot r \cdot \omega = F_m \cdot r \cdot \omega \cdot \sin\psi \cdot \sin(\psi - \varphi) \quad (16)$$

Puterea consumată P_c, capătă forma din expresia (17):

$$P_c = F_m \cdot v_B = F_m \cdot r \cdot \omega \cdot \frac{\sin(\psi - \varphi)}{\sin\psi} \quad (17)$$

Randamentul mecanic instantaneu η_i, se poate exprima cu ajutorul relației (18):

$$\eta_i = \frac{P_u}{P_c} = \frac{F_m \cdot r \cdot \omega \cdot \sin\psi \cdot \sin(\psi - \varphi)}{F_m \cdot r \cdot \omega \cdot \sin(\psi - \varphi) \cdot \frac{1}{\sin\psi}} = $$
$$= \sin^2\psi = \cos^2\alpha = 1 - \frac{(e + r \cdot \cos\varphi)^2}{l^2} \quad (18)$$

Pentru a calcula randamentul mecanic η, se poate integra expresia randamentului instantaneu η_i, de la punctul mort apropiat până la punctul mort îndepărtat, de la φ^I la φ^{II} (figura 2, sistemul 19).

$$\begin{cases} \varphi^I \equiv \varphi_i = \pi - a\cos(\frac{e}{l+r}) \\ \varphi^{II} \equiv \varphi_f = 2 \cdot \pi - a\cos(\frac{e}{l-r}) \end{cases} \quad (19)$$

Se poate determina mai simplu randamentul mecanic plecând tot de la sistemul (18) dar utilizând nu variabila φ cu limitele date de (19), ci variabila α, când se cunosc (sau se pot determina) valorile extreme ale unghiului α, α_M şi α_m (relaţiile 20-22).

$$\begin{aligned}
\eta &= \frac{1}{\Delta\alpha} \cdot \int_{\alpha_m}^{\alpha_M} \eta_i \cdot d\alpha = \frac{1}{\Delta\alpha} \int_{\alpha_m}^{\alpha_M} \cos^2\alpha \cdot d\alpha = \\
&= \frac{1}{\Delta\alpha} \int_{\alpha_m}^{\alpha_M} \frac{\cos(2\cdot\alpha)+1}{2} \cdot d\alpha = \\
&= \frac{1}{2\cdot\Delta\alpha} \int_{\alpha_m}^{\alpha_M} (\cos(2\alpha)+1)\cdot d\alpha = \\
&= \frac{1}{2\cdot\Delta\alpha} \cdot [\frac{1}{2}\cdot \sin(2\cdot\alpha) + \alpha]_{\alpha_m}^{\alpha_M} = \\
&= \frac{1}{2\cdot\Delta\alpha}[\frac{\sin(2\alpha_M) - \sin(2\alpha_m)}{2} + \Delta\alpha] = \\
&= \frac{\sin(2\cdot\alpha_M) - \sin(2\cdot\alpha_m)}{4\cdot\Delta\alpha} + 0.5 = \\
&= \frac{\sin(2\cdot\alpha_M) - \sin(2\cdot\alpha_m)}{4\cdot(\alpha_M - \alpha_m)} + 0.5 = \\
&= 0.5 + \frac{\sin\alpha_M \cos\alpha_M - \sin\alpha_m \cos\alpha_m}{2\cdot(\alpha_M - \alpha_m)}
\end{aligned} \qquad (20)$$

$$\text{Pentru} \quad l > r+e \Rightarrow \alpha_M = \arcsin\left(\frac{r+e}{l}\right) \qquad (21)$$

$$\text{Pentru} \quad r > e \Rightarrow \alpha_m = 0$$

Dezaxarea e reduce randamentul, astfel încât se va lua e=0.

Pentru $\lambda \leq 0,1(6) \Rightarrow \eta \geq 0,99 \equiv 99\%$;

Pentru $\lambda = 0,(3) \Rightarrow \eta = 0,962 \equiv 96,2\%$; (22)

Pentru $\lambda = 0,5 \Rightarrow \eta = 0,913 \equiv 91,3\%$

Se poate adopta un raport r/l=λ suficient de mic astfel încât să se realizeze la mecanismul motor un randament convenabil. Cum în mod obișnuit λ este ales constructiv mai mic de 0,3 automat randamentul mecanic al mecanismului motor (mecanismul bielă manivelă piston în timpul motor) este mai mare de 96%, cu condiția ca dezaxarea e să fie zero. Mecanismul bielă manivelă piston, atunci când lucrează în regim motor, are un randament mecanic foarte bun (foarte ridicat) [1].

4.3. Determinarea randamentului mecanic al sistemului bielă manivelă piston, atunci când acționarea lui se face dinspre manivelă

Mecanismul (sistemul) bielă manivelă piston lucrează ca mecanism motor (cu acționarea de la piston), așa cum am arătat într-un singur timp, o singură cursă în cadrul unui ciclu energetic, ceilalți unu sau respectiv trei timpi fiind timpi de lucru în regim manivelă (cu acționarea de la manivelă – de la arborele cotit).

La motoarele de tip Otto sau Diesel în doi timpi, sau la motoarele în patru timpi de tip Stirling sau rotative (Wankel, Atkinson nou, etc), la care ciclul energetic coincide cu cel cinematic (360 deg), există doar două curse (dacă e vorba de motoarele cu cilindri; în doi timpi sau în patru timpi Stirling), una fiind motoare și alta fiind cu acționare de la manivelă la motoarele în doi timpi, iar la motoarele în patru timpi de tip Stirling ambele curse fiind motoare (acesta este în fapt avantajul cel mai mare al motoarelor de tip Stirling), în vreme ce la motoarele rotative toate funcțiile se produc pe parcursul unei rotații complete, fără a mai putea discuta de cilindrii și de cursa lor, ori de aspectul curselor, aici punându-se problema cât din unghiul total (360 deg=2π) de rotație a manivelei (a motorului) este timp motor sau nu.

Motorul Wankel

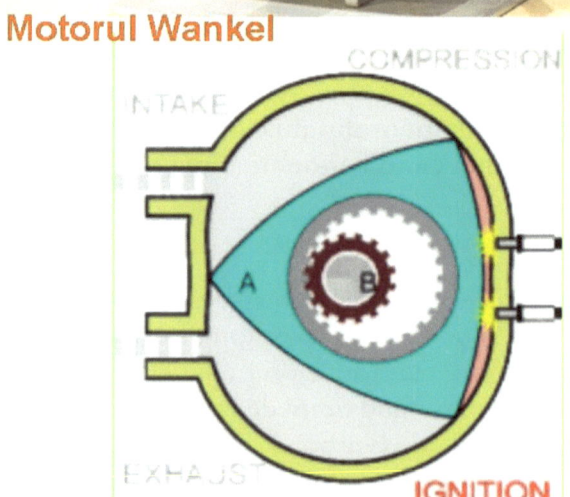

Fig. 4. *La un motor rotativ Wankel, forțele din timpul motor care acționează imediat după aprindere tind să miște rotorul în ambele părți, apăsarea inițială fiind egală pe ambele părți*

De exemplu la Wankel, rotația pe perioada timpului motor are o mare parte din ea cu timpi morți în care presiunea motoare apasă în ambele sensuri, puterea motoare pierzându-se inutil (ca și cum ar apăsa pe un balansoar în ambele sensuri simultan), iar mecanismul mișcându-se până când iese din zona respectivă la fel ca și pe perioadele (zonele) nemotoare fiind acționat de inerție, primind puterea dinspre manivelă (deci în plin timp motor puterea motoare se anihilează singură apăsând pe ambele părți ale scrânciobului rotor, iar mecanismul este acționat de către manivelă și de forțele de inerție), lucru ce face ca deși randamentul teoretic al unui Wankel să ajungă la valori foarte ridicate, randamentul real al lui să fie mai scăzut. În figura 4 se poate urmări un motor rotativ Wankel, în momentul aprinderii. După ieșirea din poziția de echilibru puterea care mișcă în sensul de rotație devine mai mare decât cea care apasă în sens invers, însă diferența dintre ele este încă mică mult timp, aducând un prejudiciu conceptual, însăși ideii de mecanism motor (cu alte cuvinte, inginerește vorbind, motorul Wankel este un concept greșit).

Pentru corectarea situației respective a fost inventat un motor rotativ modificat, cu zale (figura 5).

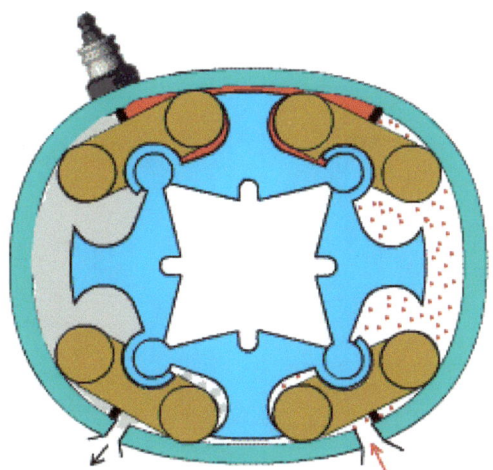

Fig. 5. *Motor rotativ modificat; sistemul de zale nu permite amestecului*
aprins   să apese în ambele părți; chiar și aprinderea nu se mai face
central ci pe lateral

După ce trece de zona critică sistemul cu zale și role se deschide (fig. 6) permițând amestecului sub presiune să apese; apăsarea se face astfel unisens (totuși sistemul rotativ cu zale și role nu pare să fie soluția cea mai potrivită pentru un sistem rotativ).

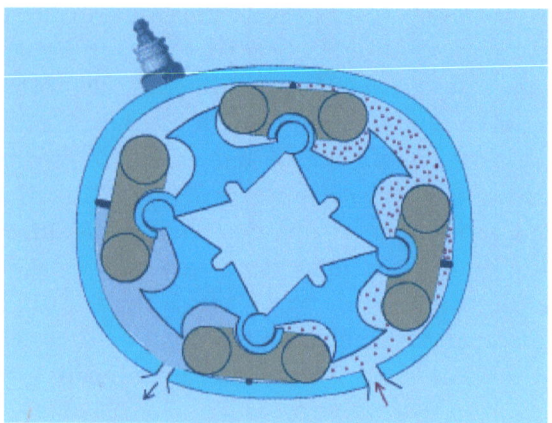

Fig. 6. *Motor rotativ modificat*

Mult mai interesant este (din acest punct de vedere) motorul Atkinson nou rotativ, care lucrează (rezolvă problemele) prin asimetrie (fig. 7).

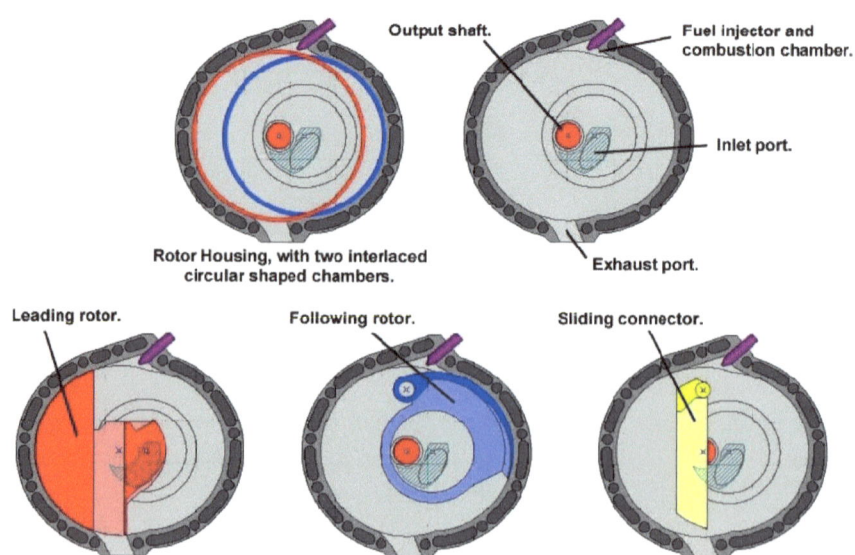

Fig. 7. *Motor Atkinson nou rotativ*

La motoarele cu cilindru (cilindri) în doi timpi, unul din timpi este motor, iar în celălalt timp motorul este acționat de la manivelă.

Motoarele în patru timpi cu cilindru (cilindri) excepție făcând Stirlingul, au un singur timp motor din cei patru, toți ceilalți trei timpi fiind cu acționare de la manivelă, fapt care reduce mult randamentul acestor motoare, deoarece randamentul mecanic la acționarea de la manivelă este de circa două ori mai mic decât cel al unui timp motor efectiv, așa cum se va vedea imediat.

Sub acest aspect motorul cu cilindru (cilindrii) în patru timpi, de tip Stirling este cel mai avantajat, el fiind acționat în permanență de la piston (având astfel în permanență o acționare motoare, cu randament maxim).

Din acest motiv el are o caracteristică de sarcină mai ciudată, care se spune că nu ar fi propice utilizării la automobile (motoarele acționate mai mult de la manivelă, adică de la arborele cotit, deși au randamentul mecanic mai redus, au o funcționare mult mai stabilă, și răspund rapid la schimbările regimurilor de lucru cerute de un autovehicul, în special datorită ajutorului inerțial mare al arborelui, la care se adaugă și volantul; acest tip de motoare sunt mai „nervoase" adică mai dinamice).

Acest lucru poate fi însă corectat cu ușurință și la motoarele Stirling (de randament ridicat) prin utilizarea mai multor cilindrii simultan, prinși pe același arbore (motor Stirling cu mai mulți cilindri), arborele având o inerție mare, care mai poate fi sporită și printr-un volant.

Chiar dacă cilindrii lucrează mai tot timpul în regimuri motoare, ei sunt legați în permanență la arborele de ieșire care trebuie să aibă constructiv o inerție foarte mare, mișcarea la ieșirea din motor fiind culeasă de la arbore.

În continuare se va studia sistemul manivelă bielă piston, în situația când el este acționat de la manivelă (dinspre arborele cotit; a se urmări figura 8).

Se determină repartiția forțelor, iar pe baza lor și a vitezelor cunoscute deja se vor putea calcula puterile și randamentul mecanic al sistemului.

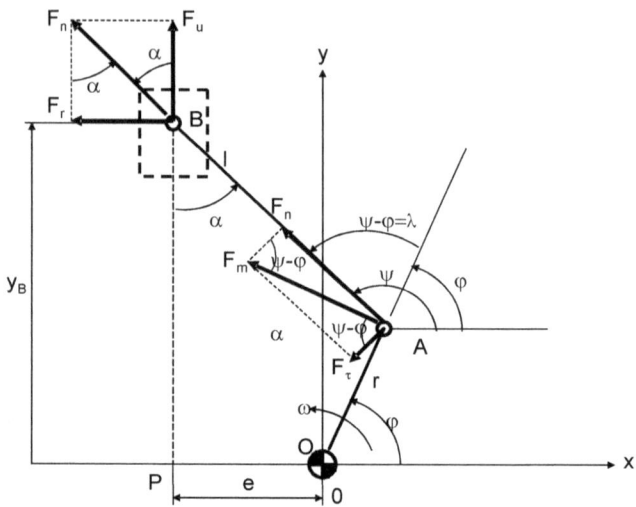

Fig. 8. *Forțele dintr-un sistem bielă manivelă piston, când acționarea lui se face dinspre manivelă*

Forța de intrare, de acționare (forța motoare consumată), F_m, perpendiculară în A pe manivela OA (r), se divide în două componente: 1. F_n – forța normală, care reprezintă componenta activă, singura componentă transmisă de la cupla A către cupla B prin intermediul bielei (la care forțele se transmit doar în lungul ei); 2. F_τ – forța tangențială, forță care deși nu se transmite prin bielă poate s-o rotească și s-o deformeze elastic în același timp (încovoiere); ecuațiile prin care se determină cele două componente sunt date de sistemul (23).

$$\begin{cases} F_n = F_m \cdot \sin(\psi - \varphi) \\ F_\tau = F_m \cdot \cos(\psi - \varphi) \end{cases} \qquad (23)$$

În cupla B, forța transmisă F_n, se divide la rândul ei în două componente: 1. F_u – forța utilă; 2. F_r – o forță normală pe axa de ghidare (axa ghidajului); a se vedea sistemul de ecuații (24).

$$\begin{cases} F_u = F_n \cdot \cos\alpha = F_n \cdot \sin\psi = F_m \cdot \sin(\psi - \varphi) \cdot \sin\psi \\ F_r = F_n \cdot \sin\alpha = -F_n \cdot \cos\psi = -F_m \cdot \sin(\psi - \varphi) \cdot \cos\psi \end{cases} \quad (24)$$

Puterea utilă se poate scrie sub forma (25), iar cea consumată îmbracă forma (26).

$$P_u = F_u \cdot v_B = F_m \cdot \sin(\psi - \varphi) \cdot \sin\psi \cdot \frac{r\omega \sin(\psi - \varphi)}{\sin\psi} =$$
$$= F_m \cdot r \cdot \omega \cdot \sin^2(\psi - \varphi) \quad (25)$$

$$P_c = F_m \cdot v_A = F_m \cdot r \cdot \omega \quad (26)$$

Randamentul mecanic instantaneu al sistemului bielă manivelă piston acționat dinspre manivelă se poate determina cu relația (27), [1].

$$\eta_i = \frac{P_u}{P_c} = \frac{F_m \cdot r \cdot \omega \cdot \sin^2(\psi - \varphi)}{F_m \cdot r \cdot \omega} = \sin^2(\psi - \varphi) =$$
$$= \frac{[\sqrt{l^2 - (e + r \cdot \cos\varphi)^2} \cdot \cos\varphi + (e + r \cdot \cos\varphi) \cdot \sin\varphi]^2}{l^2} \quad (27)$$

$$\eta_i = \sin^2\lambda \quad (cu \quad notatia \quad \lambda = \psi - \varphi)$$

Pentru determinarea randamentului mecanic al sistemului acționat de la arborele cotit ar fi dificil de integrat expresia de mijloc din sistemul (27) când variabila de integrare este unghiul φ (integrarea fiind posibilă doar prin metode aproximative, fapt ce nu ar permite obținerea unei expresii finale).

Utilizând ca variabile unghiurile ψ și φ, relația de integrat (prima parte a sistemului 27) se simplifică. Însă și mai ușoară este integrarea relației (27) de jos, când avem o singură variabilă, λ (relația 28).

$$\eta = \frac{1}{\Delta\lambda} \cdot \int_{\lambda_m}^{\lambda_M} \eta_i \cdot d\lambda = \frac{1}{\Delta\lambda} \int_{\lambda_m}^{\lambda_M} \sin^2\lambda \cdot d\lambda =$$

$$= \frac{1}{\Delta\lambda} \int_{\lambda_m}^{\lambda_M} \frac{1-\cos(2\cdot\lambda)}{2} \cdot d\lambda =$$

$$= \frac{1}{2\cdot\Delta\lambda} \int_{\lambda_m}^{\lambda_M} (1-\cos(2\lambda)) \cdot d\lambda =$$

$$= \frac{1}{2\cdot\Delta\lambda} \cdot [\lambda - \frac{1}{2}\cdot\sin(2\cdot\lambda)]_{\lambda_m}^{\lambda_M} =$$

$$= \frac{1}{2\cdot\Delta\lambda}[\Delta\lambda - \frac{\sin(2\lambda_M)-\sin(2\lambda_m)}{2}] =$$

$$= \frac{1}{2} - \frac{\sin(2\cdot\lambda_M)-\sin(2\cdot\lambda_m)}{4\cdot\Delta\lambda} =$$

$$= 0,5 - \frac{\sin(2\cdot\lambda_M)-\sin(2\cdot\lambda_m)}{4\cdot(\lambda_M-\lambda_m)} =$$

$$= 0,5 - \frac{\sin\lambda_M \cdot \cos\lambda_M - \sin\lambda_m \cdot \cos\lambda_m}{2\cdot(\lambda_M-\lambda_m)} \qquad (28)$$

Așa cum rezultă din relațiile finale (28) randamentul mecanic al sistemului bielă manivelă piston acționat de la arborele cotit (arborele motor) nu poate depăși valoarea maximă de 50%.

Deci, cum la o proiectare optimă randamentul sistemului bielă manivelă piston acționat de la piston se apropie de 100%, iar cel al sistemului acționat de la manivelă (arborele motor) se situează sub valoarea de 50%, rezultă că cel mai bun sistem cu cilindri este cel care este acționat permanent de la piston, adică motorul Stirling.

La un motor stirling randamentul mecanic pe tot ciclul energetic (care coincide cu ciclul cinematic) este de circa 80-99,9% în funcție de modul de proiectare. Randamentul termic (al ciclului Carnot) pentru o funcționare optimă la temperaturi ridicate (așa cum s-a văzut în cadrul primului capitol) ajunge la 55-65%.

Rezultă de aici că randamentul total (final) al unui Stirling bine proiectat, cu sursă caldă având temperaturi ridicate, atinge valori cuprinse între 44% și 65%, cea ce înseamnă foarte mult. Nici un alt motor termic nu mai atinge asemenea valori.

Deoarece unii spun că Stirlingul are randamente mai mici decât Otto sau Diesel, iar alții dimpotrivă că tocmai randamentul unui Stirling este punctul său forte, este cazul să facem în acest moment o discuție mai în detaliu. Ce folos că Otto și Diesel ating un randament termic de circa 65-75% comparativ cu numai 55-65% la motoarele Stirling, dacă randamentul final al unui motor reprezintă produsul dintre randamentul său termic și cel mecanic, iar în privința randamentului mecanic un Stirling în patru timpi, bine proiectat, poate atinge teoretic 99,999% (adică practic 100%), în vreme ce un Diesel sau Otto în patru timpi, va realiza practic un randament mecanic de cel mult 56% [(3*45%+90%):4], astfel încât randamentul total (final) al unui Otto sau Diesel va fi de numai circa 39% (56*70), cu mult sub cel maxim al unui Stirling, 65%. Să mai amintim că multă vreme motoarele Otto sau Diesel au funcționat cu randamente finale de numai 12-20%, și cu mare greutate s-au ridicat la randamente finale de 25-30%, în vreme ce motoarele Stirling atingeau 50-65%?

Totuși motoarele în V sunt în stare să atingă randamente totale mai mari. Cu un randament mecanic de circa 70% și unul termic maxim de 75%, un MOTOR Otto ori Diesel în V poate atinge un randament final de circa 52-53%.

Constructiv, trebuie adoptată o variantă de cilindru cu piston având cursa pistonului cât mai mică posibil, iar alezajul cât mai mare [2].

B4. Bibliografie

[1] Petrescu, F.I., Petrescu, R.V., *Determining the mechanical efficiency of Otto engine's mechanism*, Proceedings of International Symposium, SYROM 2005, Vol. I, p. 141-146, Bucharest, 2005.

[2] Petrescu, F.I., Petrescu, R.V., *Câteva elemente privind îmbunătățirea designului mecanismului motor*, Proceedings of 8th National Symposium on GTD, Vol. I, p. 353-358, Brasov, 2003.

Cap. 5. CINEMATICA DINAMICĂ LA SISTEMUL BIELĂ MANIVELĂ PISTON

Cinematica mecanismului bielă manivelă piston din figura 1 este în general cunoscută ea fiind rezolvată prin relațiile (1-13).

$$\begin{cases} r \cdot \cos \varphi + l \cdot \cos \psi = -e \\ r \cdot \sin \varphi + l \cdot \sin \psi = y_B \end{cases} \quad (1)$$

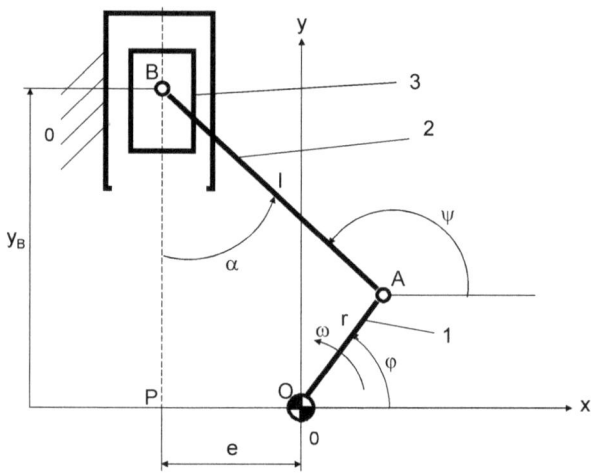

Fig. 1. Schema cinematică a mecanismului bielă manivelă piston

$$\cos \psi = -\frac{e + r \cdot \cos \varphi}{l} \quad (2)$$

$$s = y_B = r \cdot \sin \varphi + l \cdot \sin \psi \quad (3)$$

$$\begin{cases} -r \cdot \dot{\varphi} \cdot \sin \varphi - l \cdot \dot{\psi} \cdot \sin \psi = 0 \\ r \cdot \dot{\varphi} \cdot \cos \varphi + l \cdot \dot{\psi} \cdot \cos \psi = \dot{y}_B \end{cases} \quad (4)$$

$$\dot{\psi} = -\frac{r \cdot \sin \varphi}{l \cdot \sin \psi} \cdot \dot{\varphi} \qquad (5)$$

$$\dot{y}_B = r \cdot \dot{\varphi} \cdot \cos \varphi + l \cdot \dot{\psi} \cdot \cos \psi \qquad (6)$$

$$\begin{cases} -r \cdot \dot{\varphi}^2 \cdot \cos \varphi - l \cdot \dot{\psi}^2 \cdot \cos \psi - l \cdot \ddot{\psi} \cdot \sin \psi = 0 \\ -r \cdot \dot{\varphi}^2 \cdot \sin \varphi - l \cdot \dot{\psi}^2 \cdot \sin \psi + l \cdot \ddot{\psi} \cdot \cos \psi = \ddot{y}_B \end{cases} \qquad (7)$$

$$\ddot{\psi} = -\frac{r \cdot \dot{\varphi}^2 \cdot \cos \varphi + l \cdot \dot{\psi}^2 \cdot \cos \psi}{l \cdot \sin \psi} \qquad (8)$$

$$\ddot{y}_B = l \cdot \ddot{\psi} \cdot \cos \psi - r \cdot \dot{\varphi}^2 \cdot \sin \varphi - l \cdot \dot{\psi}^2 \cdot \sin \psi \qquad (9)$$

$$\alpha = \psi - 90 \qquad (10)$$

$$\begin{cases} \cos \alpha = \sin \psi \\ \sin \alpha = -\cos \psi \end{cases} \qquad (11)$$

$$\sin \alpha = \frac{e + r \cdot \cos \varphi}{l} \qquad (12)$$

$$\begin{aligned}
v_B = \dot{y}_B &= r \cdot \dot{\varphi} \cdot \cos \varphi + l \cdot \dot{\psi} \cdot \cos \psi = \\
&= r \cdot \dot{\varphi} \cdot \cos \varphi - \frac{r \cdot \dot{\varphi} \cdot \sin \varphi \cdot \cos \psi}{\sin \psi} = \\
&= \frac{r \cdot \dot{\varphi}}{\sin \psi} \cdot (\cos \varphi \cdot \sin \psi - \sin \varphi \cdot \cos \psi) = \\
&= r \cdot \dot{\varphi} \cdot \frac{\sin(\psi - \varphi)}{\sin \psi} = r \cdot \omega \cdot \frac{\sin(\psi - \varphi)}{\sin \psi} \\
v_B &= r \cdot \omega \cdot \frac{\sin(\psi - \varphi)}{\sin \psi}
\end{aligned} \qquad (13)$$

În cinematica dinamică vitezele (dinamice) se aliniază pe direcția forțelor așa cum este firesc, astfel încât ele nu mai coincid mereu cu vitezele cinematice impuse de legăturile (cuplele) mecanismului (vezi fig. 2). Apar astfel vitezele dinamice datorate forțelor, viteze ce constituie cinematica dinamică (nu se ține cont și de influența forțelor de inerție, influență care determină aspectul dinamic final al vitezelor).

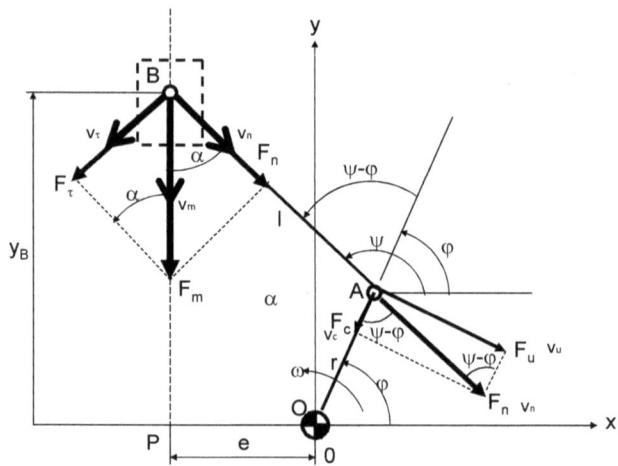

Fig. 2. *Forțele și vitezele dinamice din mecanismul bielă manivelă piston, când puterea se transmite de la piston spre manivelă*

Cinematica dinamică [1] reprezintă deci studiul cinematic al deplasărilor, vitezelor și accelerațiilor rezultate datorită orientării în funcționare a vitezelor după direcția forțelor. Se obțin cu ușurință expresiile vitezelor din cinematica dinamică, se derivează în raport cu timpul pentru a se determina expresiile accelerațiilor din cinematica dinamică, iar pentru obținerea deplasărilor corespunzătoare se integrează expresiile vitezelor. Determinarea deplasărilor din cinematica dinamică devine din acest motiv ceva mai dificilă.

Pentru început se vor determina vitezele din cinematica dinamică pentru mecanismul bielă manivelă piston acționat de la piston (fig. 2).

Putem scrie relațiile:

$$v_B = v_m \tag{14}$$

$$v_n = v_m \cdot \cos \alpha = v_m \cdot \sin \psi \qquad (15)$$

$$v_u = v_n \cdot \sin(\psi - \varphi) = v_m \cdot \sin \psi \cdot \sin(\psi - \varphi) \qquad (16)$$

Dorim să aflăm și randamentul dinamic, mai precis randamentul mecanic instantaneu atunci când mecanismul are regimuri dinamice, iar vitezele sunt cele din cinematica dinamică, acționarea mecanismului fiind de tip motor adică dinspre piston.

Forța utilă se determină cu relația (17) prezentată în cadrul capitolului anterior.

$$F_u = F_n \cdot \sin(\psi - \varphi) = F_m \cdot \sin \psi \cdot \sin(\psi - \varphi) \qquad (17)$$

Puterea utilă se scrie în acest caz sub forma 18.

$$\begin{aligned} P_u &= F_u \cdot v_u = F_m \cdot \sin \psi \cdot \sin(\psi - \varphi) \cdot v_m \cdot \sin \psi \cdot \sin(\psi - \varphi) = \\ &= F_m \cdot v_m \cdot \sin^2 \psi \cdot \sin^2(\psi - \varphi) \end{aligned} \qquad (18)$$

Expresia puterii consumate este cea dată de relația 19.

$$P_c = F_m \cdot v_m \qquad (19)$$

Putem determina acum randamentul dinamic, mai precis randamentul mecanic instantaneu dinamic (relația 20).

$$\eta_i^{DM} = \frac{P_u}{P_c} = \sin^2 \psi \cdot \sin^2(\psi - \varphi) = \eta_i \cdot D^M \qquad (20)$$

Unde η_i este randamentul mecanic instantaneu al mecanismului bielă manivelă piston acţionat dinspre piston, iar D^M este un coeficient dinamic, care pentru mecanismul bielă manivelă piston acţionat de piston (în regim **M**otor) are expresia 21.

$$D^M = \sin^2(\psi - \varphi) = \sin^2(\varphi - \psi) \qquad (21)$$

În acest caz să ne reamintim faptul că randamentul mecanic instantaneu are expresia 22.

$$\eta_i = \sin^2 \psi \qquad (22)$$

Trebuie remarcat că randamentul dinamic este tocmai produsul dintre randamentul cunoscut, simplu (cinematic) şi coeficientul dinamic (relaţia 23).

$$\eta_i^{DM} = \eta_i \cdot D^M \qquad (23)$$

Se cunoaşte expresia cinematică a vitezei punctului B (relaţia 24).

$$v_m \equiv v_B = v_A \cdot \frac{\sin(\psi - \varphi)}{\sin \psi} \qquad (24)$$

Cu relaţia 24 introdusă în formula 16, viteza v_u capătă forma 25.

$$\begin{aligned}
v_u &= v_n \cdot \sin(\psi - \varphi) = v_m \cdot \sin \psi \cdot \sin(\psi - \varphi) = \\
&= v_A \cdot \frac{\sin(\psi - \varphi)}{\sin \psi} \cdot \sin \psi \cdot \sin(\psi - \varphi) = v_A \cdot \sin^2(\psi - \varphi) \equiv \\
&\equiv v_A^D = v_A \cdot D
\end{aligned} \qquad (25)$$

$$D^M = \sin^2(\psi - \varphi) \tag{26}$$

Se obține de aici (din cinematica dinamică) expresia coeficientului dinamic D^M al mecanismului bielă manivelă piston acționat de la piston (relația 26), observând că ea este identică cu expresia 21 unde coeficientul dinamic a fost determinat pe baza calculului randamentului dinamic instantaneu. Se verifică astfel unicitatea coeficientului dinamic pentru același mecanism acționat în același mod. Pentru a definitiva această nouă teorie urmează să se determine în continuare și coeficientul dinamic al mecanismului bielă manivelă piston acționat de la manivelă (în regim de Compresor).

În figura 3 se poate observa transmiterea vitezelor aliniate forțelor, fapt ce se produce în cinematica dinamică.

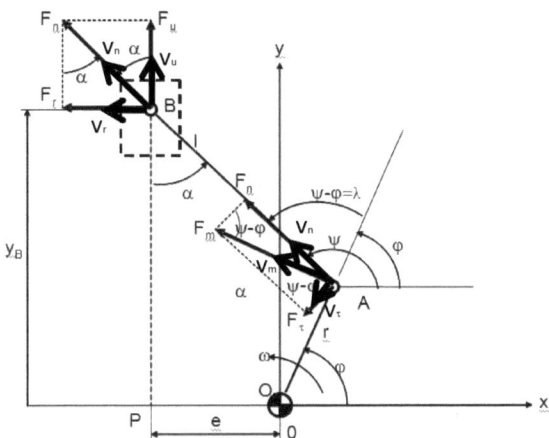

Fig. 3. *Forțele și vitezele dinamice dintr-un sistem bielă manivelă piston, când acționarea lui se face dinspre manivelă*

Forța de intrare F_m și viteza de intrare v_m se descompun generând și componenta din lungul bielei F_n respectiv v_n. Forțele sunt cele reale care acționează asupra mecanismului, iar aceste viteze cinemato-dinamice sunt cele firești care urmează traiectoriile (direcțiile) impuse de forțe. În general ele reușesc să se suprapună și impună peste vitezele cinematice (statice) cunoscute, care se calculează pe baza legăturilor impuse de cuplele cinematice ale mecanismului (în funcție de lanțul cinematic). Se pot scrie pentru viteze relațiile 27.

$$\begin{cases} v_B = v_A \cdot \dfrac{\sin(\psi - \varphi)}{\sin \psi}; \quad v_B^D = v_B \cdot D^C = v_A \cdot \dfrac{\sin(\psi - \varphi)}{\sin \psi} \cdot D^C \\ v_u = v_n \cdot \cos \alpha = v_n \cdot \sin \psi = v_m \cdot \sin \psi \cdot \sin(\psi - \varphi) = \\ = v_A \cdot \sin \psi \cdot \sin(\psi - \varphi) \\ v_u = v_B^D \Rightarrow v_A \cdot \sin \psi \cdot \sin(\psi - \varphi) = v_A \cdot \dfrac{\sin(\psi - \varphi)}{\sin \psi} \cdot D^C \Rightarrow \\ \Rightarrow D^C = \sin^2 \psi \end{cases} \quad (27)$$

Pentru forțe, puteri și randamente se scriu următoarele relații.

$$\begin{cases} F_n = F_m \cdot \sin(\psi - \varphi) \\ F_\tau = F_m \cdot \cos(\psi - \varphi) \end{cases} \quad (28)$$

$$\begin{cases} F_u = F_n \cdot \cos \alpha = F_n \cdot \sin \psi = F_m \cdot \sin(\psi - \varphi) \cdot \sin \psi \\ F_r = F_n \cdot \sin \alpha = -F_n \cdot \cos \psi = -F_m \cdot \sin(\psi - \varphi) \cdot \cos \psi \end{cases} \quad (29)$$

$$\begin{cases} P_u = F_u \cdot v_B = F_m \cdot \sin(\psi - \varphi) \cdot \sin \psi \cdot \dfrac{r \cdot \omega \cdot \sin(\psi - \varphi)}{\sin \psi} = \\ = F_m \cdot r \cdot \omega \cdot \sin^2(\psi - \varphi) = F_m \cdot v_A \cdot \sin^2(\psi - \varphi) \end{cases} \quad (30)$$

$$P_c = F_m \cdot v_A = F_m \cdot r \cdot \omega \quad (31)$$

$$\eta_i = \dfrac{P_u}{P_c} = \dfrac{F_m \cdot v_A \cdot \sin^2(\psi - \varphi)}{F_m \cdot v_A} = \sin^2(\psi - \varphi) \quad (32)$$

$$\begin{cases} P_u^D = F_u \cdot v_B^D = F_m \cdot \sin(\psi - \varphi) \cdot \sin\psi \cdot v_A \cdot \sin\psi \cdot \sin(\psi - \varphi) = \\ = F_m \cdot r \cdot \omega \cdot \sin^2(\psi - \varphi) \cdot \sin^2\psi = F_m \cdot v_A \cdot \sin^2(\psi - \varphi) \cdot \sin^2\psi \end{cases} \quad (33)$$

$$\eta_i^{DC} = \frac{P_u^D}{P_c} = \frac{F_m \cdot v_A \cdot \sin^2\psi \cdot \sin^2(\psi - \varphi)}{F_m \cdot v_A} =$$
$$= \sin^2(\psi - \varphi) \cdot \sin^2\psi = \eta_i \cdot D^C \quad (34)$$

Prima concluzie care se poate trage este că randamentul mecanic instantaneu dinamic (care este mai apropiat de cel real al mecanismului) este mai mic decât cel mecanic obișnuit, deoarece randamentul dinamic este chiar randamentul mecanic clasic multiplicat cu coeficientul dinamic care fiind subunitar rezultă că randamentul dinamic va fi mai mic sau cel mult egal cu cel clasic.

În plus randamentul dinamic fiind același și la acționarea de la manivelă și pentru acționarea de tip motor de la piston, va avea aceeași valoare indiferent de tipul acționării. Randamentul dinamic este practic uniformizat, însă nu toate regimurile de funcționare ale motoarelor termice sunt complet dinamice. Acest fapt face ca randamentul mecanic real al motorului Stirling sau al motorului termic în doi timpi (Lenoir), să nu fie mult mai ridicat decât al motoarelor de tip Otto sau Diesel în patru timpi. Cu cât turațiile de lucru sunt mai ridicate, regimurile de funcționare devin aproape complet dinamice.

Astăzi utilizându-se turații de lucru mari și foarte mari, motoarele termice în patru timpi cu ardere internă ating randamente comparabile cu cele ale motorului Stirling sau ale motoarelor în doi timpi. Cu cât regimurile de lucru au loc la turații mai crescute, avantajele Stirling sau Lenoir scad.

Deși randamentul mecanic dinamic (cel mai apropiat de cel real) este practic calculat cu aceeași formulă indiferent de tipul acționării, totuși vitezele și accelerațiile dinamice în cuplele diferă în funcție de modul acționării, chiar și pentru aceeași cuplă.

Astfel vitezele dinamice (în cinematica dinamică) ale punctului B se calculează cu relațiile 35.

$$\begin{cases} Cazul\ A - când\ acționarea\ se\ face\ de\ la\ piston: \\ D^M = \sin^2(\psi - \varphi);\ \eta_i = \sin^2\psi;\ regim\ Motor \\ v_B^D = v_B \cdot D = v_A \cdot \dfrac{\sin(\psi - \varphi)}{\sin\psi} \cdot \sin^2(\psi - \varphi) = v_A \cdot \dfrac{\sin^3(\psi - \varphi)}{\sin\psi} \\ v_A^D = v_A \cdot D = r \cdot \omega \cdot \sin^2(\psi - \varphi) \\ \omega^D = \omega \cdot D = \omega \cdot \sin^2(\psi - \varphi) \\ \\ Cazul\ B - când\ acționarea\ se\ face\ de\ la\ manivelă: \\ D^C = \sin^2\psi;\ \eta_i = \sin^2(\psi - \varphi);\ regim\ Compresor \\ v_B^D = v_B \cdot D = v_A \cdot \dfrac{\sin(\psi - \varphi)}{\sin\psi} \cdot \sin^2\psi = v_A \cdot \sin(\psi - \varphi) \cdot \sin\psi \\ v_A^D = v_A \cdot D = r \cdot \omega \cdot \sin^2\psi \\ \omega^D = \omega \cdot D = \omega \cdot \sin^2\psi \end{cases} \quad (35)$$

Chiar dacă dinamic randamentul se uniformizează, vitezele și accelerațiile sunt mai line în acționările de la manivelă și mai ascuțite (și cu vibrații) pe perioada acționării de la piston, astfel încât motoarele termice în patru timpi cu ardere internă sunt mai avantajoase din acest punct de vedere, urmate de cele în doi timpi (Lenoir), ultimile situându-se motoarele de tip Stirling.

Accelerațiile dinamice se determină cu relațiile 36, în care se derivează relația vitezei dinamice (aranjată corespunzător) pentru obținerea expresiei accelerației dinamice.

$$\begin{cases}
v_B^D = v_A \cdot D \cdot \dfrac{\sin(\psi - \varphi)}{\sin \psi} \Rightarrow v_B^D \cdot \sin \psi = v_A \cdot D \cdot \sin(\psi - \varphi) \\[2mm]
\dot{v}_B^D \cdot \sin \psi + v_B^D \cdot \cos \psi \cdot \dot{\psi} = v_A \cdot \left[\dot{D} \cdot \sin(\psi - \varphi) + D \cdot \cos(\psi - \varphi) \cdot (\dot{\psi} - \dot{\varphi})\right] \\[2mm]
\Rightarrow \dot{v}_B^D = \dfrac{v_A \cdot \left[\dot{D} \cdot \sin(\psi - \varphi) + D \cdot \cos(\psi - \varphi) \cdot (\dot{\psi} - \dot{\varphi})\right] - v_B^D \cdot \cos \psi \cdot \dot{\psi}}{\sin \psi} \\[2mm]
\Rightarrow a_B^D = \dfrac{v_A}{\sin^2 \psi} \cdot \left[\dot{D} \cdot \sin \psi \cdot \sin(\psi - \varphi) + D \cdot \sin \psi \cdot \cos(\psi - \varphi) \cdot (\dot{\psi} - \dot{\varphi}) - \right. \\[2mm]
\left. - D \cdot \cos \psi \cdot \sin(\psi - \varphi) \cdot \dot{\psi}\right] = \dfrac{v_A}{\sin^2 \psi} \cdot \left[\dot{D} \cdot \sin \psi \cdot \sin(\psi - \varphi) + \right. \\[2mm]
\left. + D \cdot \dot{\psi} \cdot \sin \varphi - D \cdot \dot{\varphi} \cdot \sin \psi \cdot \cos(\psi - \varphi)\right] \\[2mm]
\textit{Cazul A – când actionarea se face de la piston :} \\[2mm]
D^M = \sin^2(\psi - \varphi); \quad \dot{D}^M = 2 \cdot \sin(\psi - \varphi) \cdot \cos(\psi - \varphi) \cdot (\dot{\psi} - \dot{\varphi}) \\[2mm]
\textit{Cazul B – când actionarea se face de la manivelă :} \\[2mm]
D^C = \sin^2 \psi; \quad \dot{D}^C = 2 \cdot \sin \psi \cdot \cos \psi \cdot \dot{\psi} \\[2mm]
\textit{Cazul C – se poate obtine accelerati a normala cu :} \\[2mm]
D = 1; \quad \dot{D} = 0.
\end{cases} \qquad (36)$$

Printr-un program de calcul, se determină vitezele și accelerațiile dinamice pentru diferite tipuri de motoare termice, utilizând relațiile (35) și (36).

În figurile 4 respectiv 5 sunt reprezentate diagramele pentru motorul în doi timpi (Lenoir), în fig. 4 fiind figurate vitezele dinamice, iar în figura 5 putându-se observa accelerațiile dinamice.

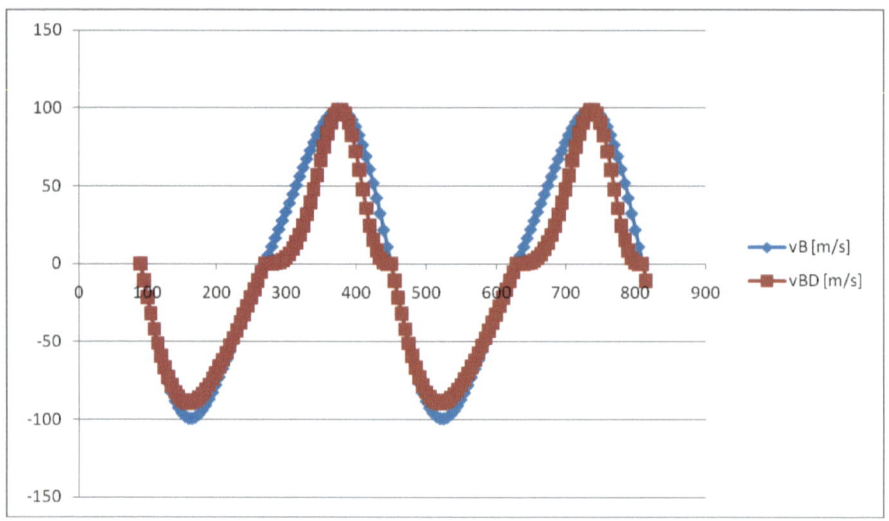

Fig. 4. *Vitezele dinamice la motorul Lenoir, în doi timpi (cu pătrate mai mari)*

La motorul în doi timpi jumătate din timpi sunt motori, astfel încât vitezele se subţiază şi se ascut pentru jumătate din ciclu, jumătatea motoare determinând la acceleraţiile dinamice, vibraţii şi şocuri (ce produc şi zgomote).

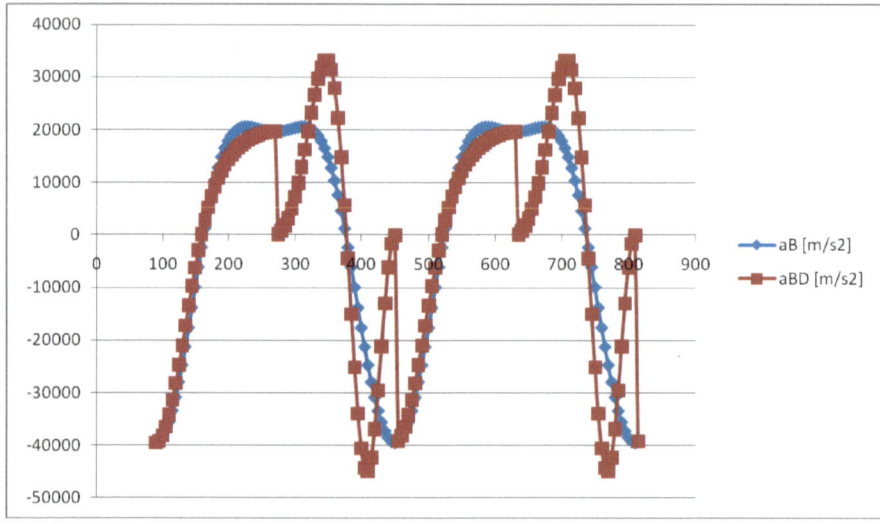

Fig. 5. *Acceleraţiile dinamice la motorul Lenoir, în doi timpi (cu pătrate mai mari)*

La motorul în patru timpi de tip Otto (sau Diesel), ciclul energetic nu mai coincide cu cel cinematic, astfel încât numai a patra parte a întregului ciclu energetic este motoare, și numai pentru ea vitezele dinamice se ascut (se subțiază, a se vedea diagrama din figura 6), iar accelerațiile dinamice prezintă șocuri, vibrații și zgomote (a se urmări diagrama din figura 7).

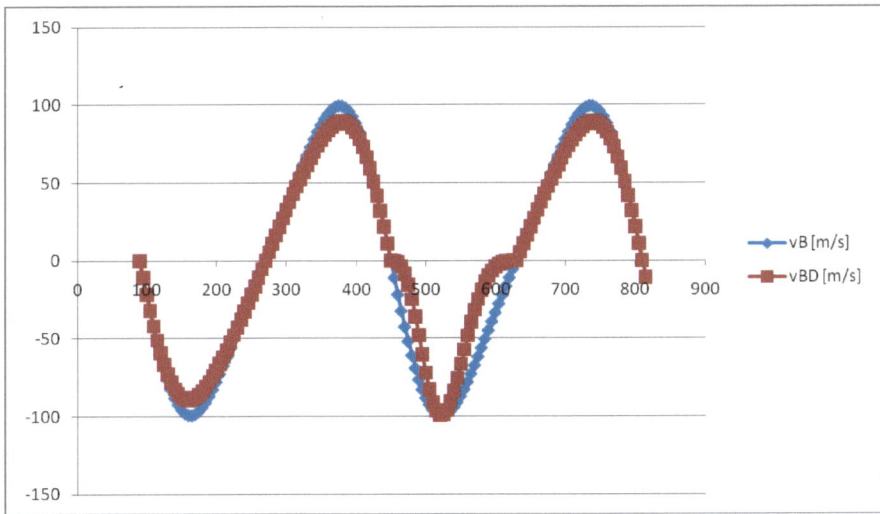

Fig. 6. *Vitezele dinamice la motorul în patru timpi de tip Otto (sau Diesel)*

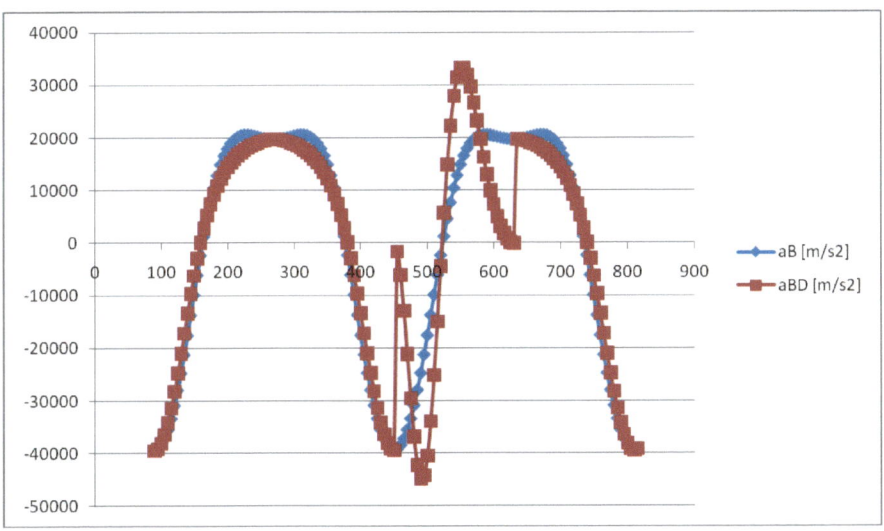

Fig. 7. *Accelerațiile dinamice la motorul în patru timpi de tip Otto (sau Diesel)*

La motorul în patru timpi de tip Stirling, toți timpii sunt motori, astfel încât vitezele dinamice se ascut (se subțiază, a se vedea diagrama din figura 8), iar accelerațiile dinamice prezintă șocuri, vibrații și zgomote (a se urmări diagrama din figura 9) pe tot intervalul.

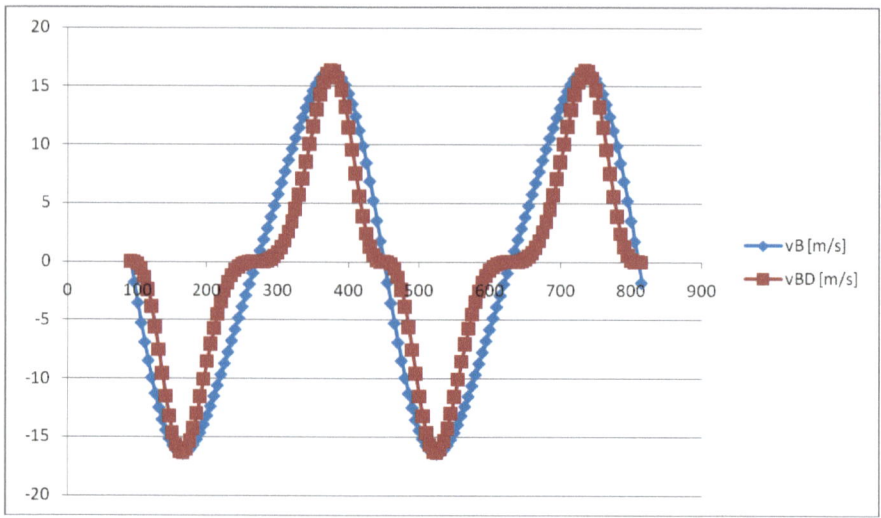

Fig. 8. *Vitezele dinamice la motorul în patru timpi de tip Stirling*

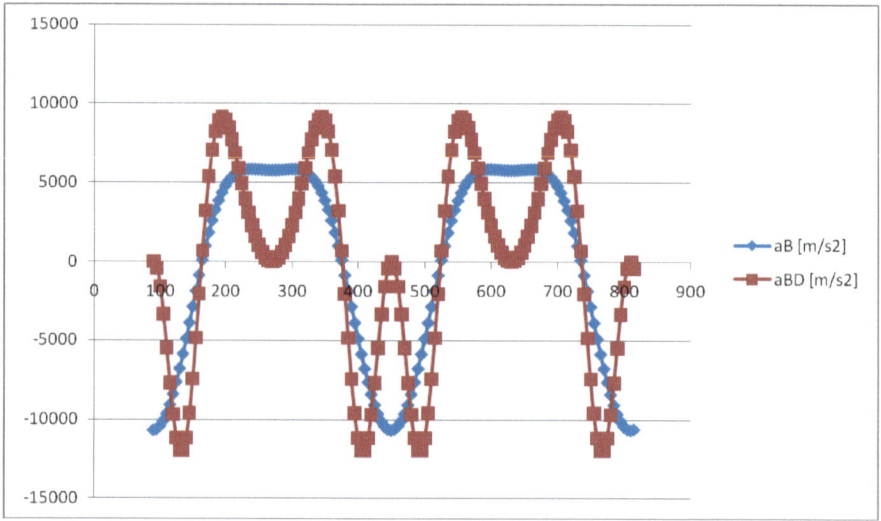

Fig. 9. *Accelerațiile dinamice la motorul în patru timpi de tip Stirling*

Se vede că dezavantajele dinamice ale motoarelor termice reprezintă de fapt o contradicție. Dinamica mecanismelor lor este mai bună la acționarea de la manivelă (de la arborele cotit), dar timpii motori (care au o cinematică dinamică inferioară) sunt practic cei necesari, ca singurii care produc puterea (efectiv), și care generează și randamente ridicate la motorul termic respectiv; pe de altă parte însă tocmai acești timpi (motori) produc nu doar o funcționare neregulată cu șocuri, vibrații și zgomote la motorul termic, dar generează în același timp și caracteristici dezavantajoase. Din acest motiv motorul Stirling care lucrează în patru timpi și două faze având fiecare fază activă, prezintă caracteristica de putere și sarcină în funcție de turație cea mai dezavantajoasă.

Nici motorul termic cu ardere internă în doi timpi nu are o caracteristică foarte bună, funcționând și el cu șocuri, vibrații și zgomote foarte mari, ce pot depăși și bătăile cunoscute ale tacheților motoarelor diesel în patru timpi, tracțiunea prezentând șocuri (întreruperi) care le depășesc chiar și pe cele ale motoarelor Stirling. Motorul Lenoir nu face nici frână de motor, la vale un autovehicul echipat cu un motor termic în doi timpi, fiind suprasolicitat (frânele se încing peste măsură), siguranța circulației fiind mult scăzută, iar confortul persoanelor din habitaclu fiind mult diminuat.

Din acest punct de vedere motoarele Otto sau Diesel în patru timpi sunt cele mai avantajoase, primele reprezentând în fapt varianta cea mai superioară. Pentru ca motoarele Otto să nu piardă nici avantajul injecției de combustibil, cu mulți ani în urmă s-a renunțat la carburație, motoarele Otto fiind trecute treptat pe injecție de combustibil după modelul celor Diesel (cu păstrarea aprinderii, deoarece benzina nu se autoaprinde așa cum o face motorina).

B5. Bibliografie

[1] Petrescu, F.I., Petrescu, R.V., *An original internal combustion engine*, Proceedings of 9th International Symposium SYROM, Vol. I, p. 135-140, Bucharest, 2005.

Cap. 6. CINEMATICA DINAMICĂ DE PRECIZIE LA SISTEMUL BIELĂ MANIVELĂ PISTON

Cinematica dinamică de precizie a mecanismului bielă manivelă piston se rezolvă numai dacă pe lângă ipoteza vitezei unghiulare variabile a arborelui motor se ține seama și de existența unei accelerații unghiulare variabile, diferită de zero, a manivelei (1). Altfel spus viteza unghiulară a manivelei nu mai este constantă ci este egală cu produsul dintre coeficientul dinamic D* și viteza unghiulară ω a arborelui motor, care este în general constantă pentru un anumit regim de lucru al motorului, caracterizat de o anumită sarcină și o turație constantă. D* capătă valoarea D^M când acționarea mecanismului bielă manivelă piston se face de la piston, și ia valoarea D^C când mecanismul este acționat de la manivelă (2). Pentru cele două situații diferite vom avea două soluții distincte pentru viteza unghiulară a manivelei (3). Corespunzător fiecărei viteze unghiulare variabile, apare și câte o accelerație unghiulară variabilă la manivelă (4).

$$\begin{cases} \omega^D \equiv \omega_1^D = D^* \cdot \omega_1 = D^* \cdot \omega \\ \varepsilon^D \equiv \varepsilon_1^D = \dot{\omega}^D = \dot{D}^* \cdot \omega \end{cases} \quad (1)$$

$$\begin{cases} D^C = \sin^2 \varphi_2 = \sin^2 \psi = 1 - \lambda^2 \cdot \cos^2 \varphi_1 = 1 - \lambda^2 \cdot \cos^2 \varphi \\ \\ D^M = \sin^2 (\varphi_1 - \varphi_2) = \\ = \cos^2 \varphi_1 \cdot \left[1 - \lambda^2 \cdot \cos(2 \cdot \varphi_1) + 2 \cdot \lambda \cdot \sin \varphi_1 \cdot \sqrt{1 - \lambda^2 \cdot \cos^2 \varphi_1} \right] \end{cases} \quad (2)$$

$$\begin{cases} \omega^C = \omega \cdot D^C = \omega \cdot \sin^2 \varphi_2 = \omega \cdot (1 - \lambda^2 \cdot \cos^2 \varphi) \\ \\ \omega^M = \omega \cdot D^M = \omega \cdot \sin^2 (\varphi_1 - \varphi_2) = \\ = \omega \cdot \cos^2 \varphi_1 \cdot \left[1 - \lambda^2 \cdot \cos(2 \cdot \varphi_1) + 2 \cdot \lambda \cdot \sin \varphi_1 \cdot \sqrt{1 - \lambda^2 \cdot \cos^2 \varphi_1} \right] \end{cases} \quad (3)$$

$$\begin{cases} \varepsilon^C = \omega \cdot \dot{D}^C = \omega \cdot 2 \cdot \sin\varphi_2 \cdot \cos\varphi_2 \cdot \omega_2^C = \\ \quad = \omega \cdot \left(\lambda^2 \cdot 2 \cdot \cos\varphi \cdot \sin\varphi \cdot \omega^C\right) = \\ \quad = \omega \cdot \left[\lambda^2 \cdot 2 \cdot \cos\varphi \cdot \sin\varphi \cdot \left(1 - \lambda^2 \cdot \cos^2\varphi\right) \cdot \omega\right] = \\ \quad = 2 \cdot \lambda^2 \cdot \sin\varphi \cdot \cos\varphi \cdot \left(1 - \lambda^2 \cdot \cos^2\varphi\right) \cdot \omega^2 \\ \\ \varepsilon^M = \omega \cdot \dot{D}^M = \omega \cdot 2 \cdot \sin(\varphi_1 - \varphi_2) \cdot \cos(\varphi - \varphi_2) \cdot \left(\omega^M - \omega_2^M\right) = \\ \quad = \omega \cdot \Big[2 \cdot \cos\varphi \cdot \left(\lambda \cdot \sin\varphi + \sqrt{1 - \lambda^2 \cdot \cos^2\varphi}\right) \cdot \\ \quad \cdot \left(\lambda \cdot \cos^2\varphi - \sin\varphi \cdot \sqrt{1 - \lambda^2 \cdot \cos^2\varphi}\right) \cdot \\ \quad \cdot \dfrac{\sqrt{1 - \lambda^2 \cdot \cos^2\varphi} - \lambda \cdot \sin\varphi}{\sqrt{1 - \lambda^2 \cdot \cos^2\varphi}} \cdot D^M \cdot \omega \Big] \end{cases} \quad (4)$$

Se pot determina acum vitezele unghiulare și accelerațiile unghiulare ale bielei pentru cele două situații diferite, cu funcționare în regim de compresor și apoi în regim motor (5-6).

$$\begin{cases} \omega_2^C = -\lambda \cdot \sin\varphi \cdot \sqrt{1 - \lambda^2 \cdot \cos^2\varphi} \cdot \omega \\ \\ \varepsilon_2^C = -\lambda \cdot \cos\varphi \cdot \sqrt{1 - \lambda^2 \cdot \cos^2\varphi} \cdot \\ \quad \cdot \left(1 + \lambda^2 \cdot \sin^2\varphi - \lambda^2 \cdot \cos^2\varphi\right) \cdot \omega^2 \end{cases} \quad (5)$$

$$\begin{cases} \omega_2^M = \dfrac{-\lambda \cdot \sin\varphi \cdot \cos^2\varphi \cdot \omega}{\sqrt{1-\lambda^2 \cdot \cos^2\varphi}} \cdot \\ \quad \cdot \left[1-\lambda^2 \cdot \cos(2\cdot\varphi)+2\cdot\lambda\cdot\sin\varphi\cdot\sqrt{1-\lambda^2\cdot\cos^2\varphi}\right] \\ \\ \varepsilon_2^M = \dfrac{\lambda\cdot(\lambda^2-1)\cdot\cos^3\varphi\cdot\omega^2}{\left(1-\lambda^2\cdot\cos^2\varphi\right)^{\frac{3}{2}}} \cdot \\ \quad \cdot \left[1-\lambda^2\cdot\cos(2\cdot\varphi)+2\cdot\lambda\cdot\sin\varphi\cdot\sqrt{1-\lambda^2\cdot\cos^2\varphi}\right] \cdot \\ \quad \cdot \left(3\cdot\lambda^2\cdot\sin^2\varphi\cdot\cos^2\varphi-\lambda^2\cdot\cos^4\varphi+\cos^2\varphi-\right. \\ \quad \left. -2\cdot\sin^2\varphi+4\cdot\lambda\cdot\sin\varphi\cdot\cos^2\varphi\cdot\sqrt{1-\lambda^2\cdot\cos^2\varphi}\right) \end{cases} \quad (6)$$

Mai rămân de determinat doar vitezele și accelerațiile liniare de precizie ale pistonului (7) în cele două situații descrise (regim compresor și regim motor), urmând a fi comparate apoi cu cele clasice (din cinematica clasică).

$$\begin{cases} v_B = l_1 \cdot \cos\varphi \cdot (\omega - \omega_2) \\ v_B^C = l_1 \cdot \cos\varphi \cdot (\omega_1^C - \omega_2^C) \\ v_B^M = l_1 \cdot \cos\varphi \cdot (\omega_1^M - \omega_2^M) \\ \\ a_B = -l_1 \cdot \sin\varphi \cdot \omega_1 \cdot (\omega_1 - \omega_2) + l_1 \cdot \cos\varphi \cdot (\varepsilon_1 - \varepsilon_2) \\ a_B^C = -l_1 \cdot \sin\varphi \cdot \omega_1^C \cdot (\omega_1^C - \omega_2^C) + l_1 \cdot \cos\varphi \cdot (\varepsilon_1^C - \varepsilon_2^C) \\ a_B^M = -l_1 \cdot \sin\varphi \cdot \omega_1^M \cdot (\omega_1^M - \omega_2^M) + l_1 \cdot \cos\varphi \cdot (\varepsilon_1^M - \varepsilon_2^M) \end{cases} \quad (7)$$

Observații: s-a utilizat mecanismul motor clasic fără dezaxare (e=0); landa este o constantă constructivă importantă a motorului și reprezintă raportul dintre lungimile manivelei și bielei conform relației (8).

$$\lambda = \frac{l_1}{l_2} \equiv \frac{r}{l} \qquad (8)$$

Pentru a construi un motor modern, dinamic, puternic, economic, care să lucreze la turații ridicate, este necesar să atribuim constantei landa constructive valori cât mai mici cu putință.

Pe de altă parte se cere dinamic să avem și o cursă cât mai mică posibil, lucru ce se realizează prin adoptarea unei manivele cât mai mici cu putință. Pistonul nu va mai pompa (munci) pe curse lungi ci practic va vibra pe distanțe scurte, cu viteze uluitor de mari. Deoarece prin scăderea razei manivelei scade și cursa, și odată cu ea și cilindrea, se va reface volumul prin adoptarea unui alezaj cât mai mare (cilindri de diametre mari și foarte mari) și sau prin creșterea numărului de cilindri pentru un motor realizat. Se va avea în vedere modificarea (adaptarea) geometriei camerei de ardere și eventual utilizarea unui combustibil specializat, cu ardere rapidă (hidrogenul spre exemplu arde de zece ori mai repede decât hidrocarburile lichide, sau alcoolii, și în plus nu produce nici poluare așa cum o fac combustibilii clasici).

Prezentarea câtorva diagrame din cinematica de precizie.

A. Se începe cu o turație mică a motorului n=1000 [rot/min], r=0.03 [m], l=0.1 [m].

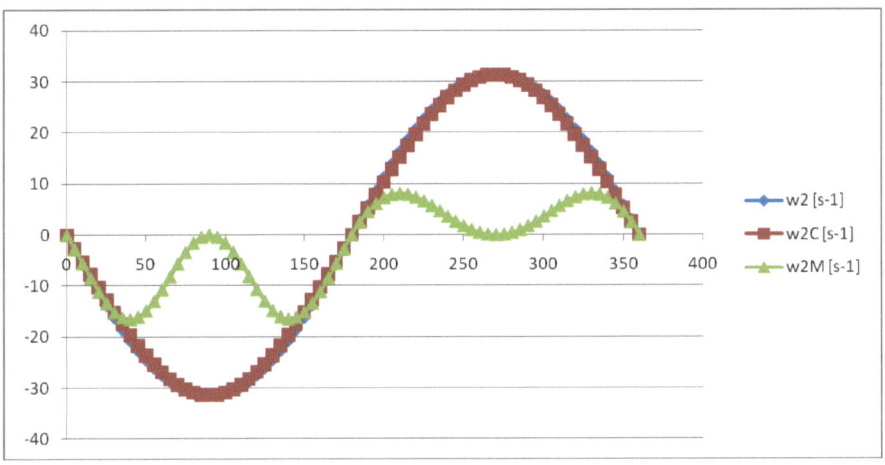

Fig. 1. *Vitezele unghiulare ale bielei în cazul A*

În figura 1 se prezintă comparativ cele trei diagrame suprapuse ale vitezelor unghiulare ale bielei. Landa fiind mic aproape că avem o suprapunere între vitezele unghiulare ale bielei din cinematica clasică și cele din cinematica de precizie (cazul regimului compresor). Vitezele unghiulare realizate în regimul motor ies foarte mult în evidență, fapt ce ne arată clar că diferențierile majore în funcționare se datorează tocmai timpilor motori ai mecanismului.

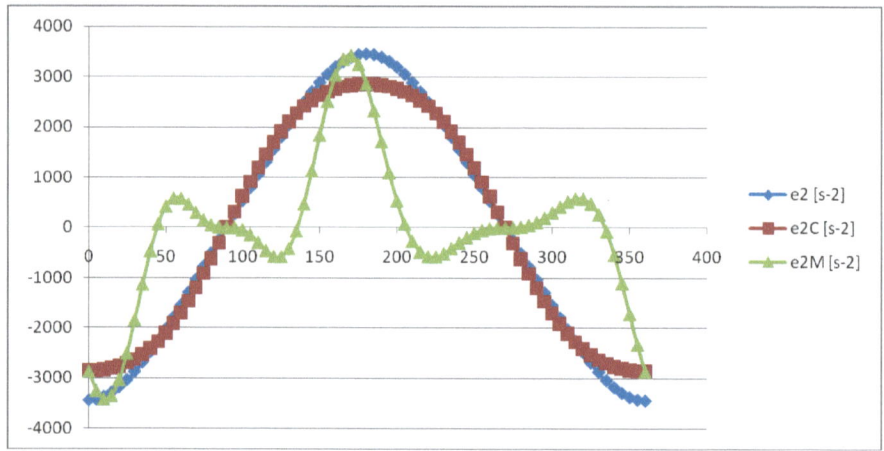

Fig. 2. *Accelerațiile unghiulare ale bielei în cazul A*

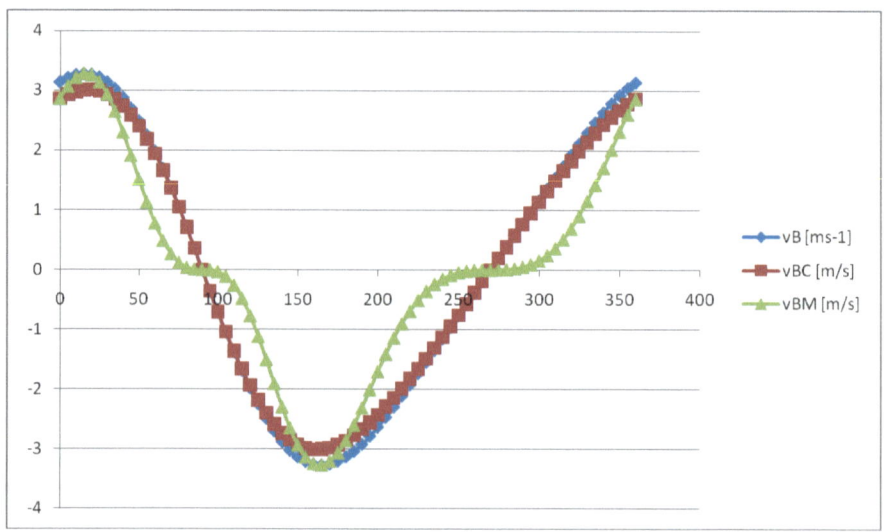

Fig. 3. *Vitezele liniare ale pistonului în cazul A*

Același lucru rezultă și din diagramele de accelerații unghiulare ale bielei reprezentate în figura 2, sau din diagramele vitezelor liniare ale pistonului reprezentate în figura 3, ori din diagramele de accelerații liniare ale pistonului din figura 4.

Totuși la accelerații (mai ales la cele liniare) încep să se simtă diferențieri și între cinematica clasică și cea de precizie din regimul de compresor.

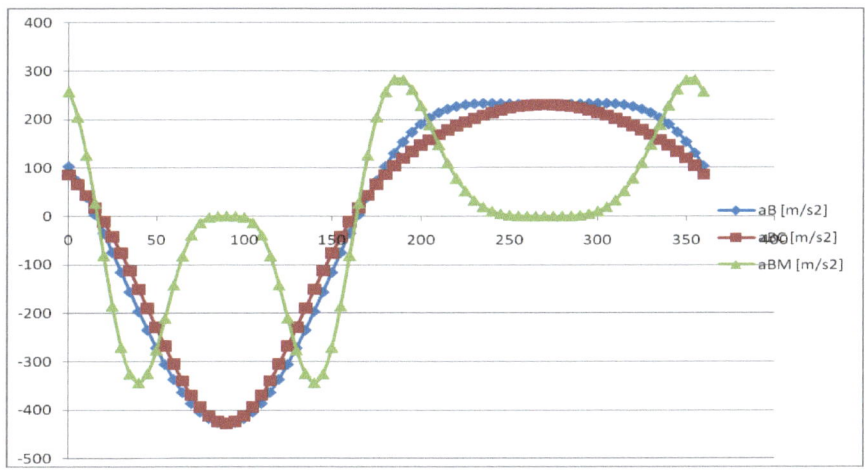

Fig. 4. *Accelerațiile liniare ale pistonului în cazul A*

Dacă nu se ținea cont și de existența unei accelerații a manivelei (a arborelui motor) diferențele ar fi fost mult mai mici.

Trasarea diagramelor fiind globală, pe un ciclu cinematic de 360 deg la manivelă, deci neurmărind un ciclu energetic real (complet) al motorului nu se poate vorbi încă de niște diagrame reale, dar oricum fenomenul există și se pune în evidență prin aceste diagrame extrem de sugestive din acest punct de vedere.

Apare clar fenomenul dinamic manifestat chiar cinematic, datorită variației vitezei unghiulare a manivelei, variație ce produce și apariția unei accelerații unghiulare a arborelui cotit, ambele reușind să imprime în final, diagramelor cinematice (viteze și accelerații) ale întregului mecanism un aspect dinamic (de mișcare dinamică), deși nu e vorba de dinamica finală a mecanismului, în care mai intervin și forțele inerțiale ale maselor mecanismului și eventualele forțe exterioare.

Aceste puternice efecte dinamice se datorează forțelor principale ce acționează în cadrul mecanismului, ele fiind datorate formelor mecanismului, legăturilor cinematice, geometriei generale a mecanismului, și nu în ultimul rând dimensiunilor elementelor cinematice.

Acest stil de dinamică (cinematică) este dinamica principală a unui mecanism, și își impune amprenta asupra dinamicii finale a mecanismului. În general deși ea este cea mai importantă latură din dinamica oricărui mecanism sau ansamblu mobil, nu este influențată de turația mecanismului.

B. Se continuă acum cu diagramele realizate la un raport landa apropiat de valoarea 1. Turația mică a motorului tot de n=1000 [rot/min], r=0.099 [m], l=0.1 [m].

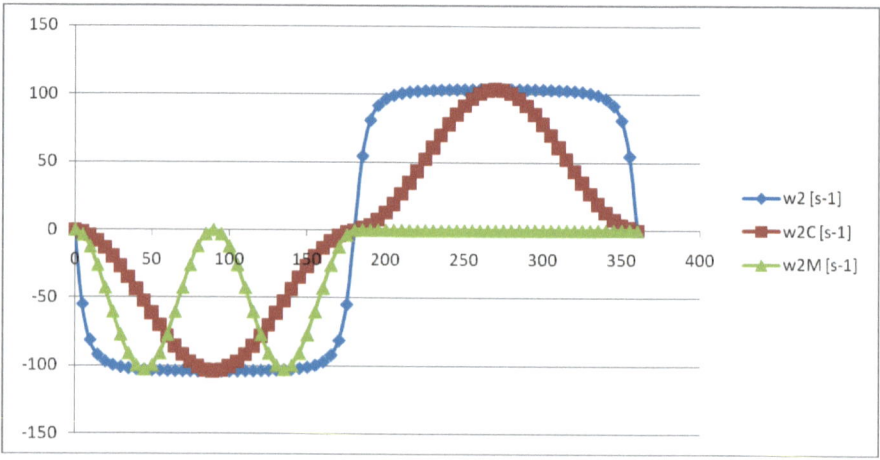

Fig. 5. *Vitezele unghiulare ale bielei în cazul B*

În cazul B toate cele trei tipuri de diagrame se diferențiază, cinematica clasică, cea de precizie la compresor, și cea în regim motor.

Chiar cinematica clasică este cea care se diferențiază foarte mult în comparație cu cele de precizie, în acest caz.

Fenomenul se datorează în principal reglajelor la limită, forțate, cu un raport landa care tinde către unitate.

Trebuie menționat însă că nu sunt indicate astfel de reglaje în funcționarea dinamică, normală a unui motor; ele sunt scoase în evidență tocmai ca niște reglaje antimotor.

Ar putea fi utilizate la diferite mecanisme speciale, dar sub nici o formă la mecanisme motoare, unde așa cum am mai arătat deja e necesar un raport r/l cât mai mic posibil.

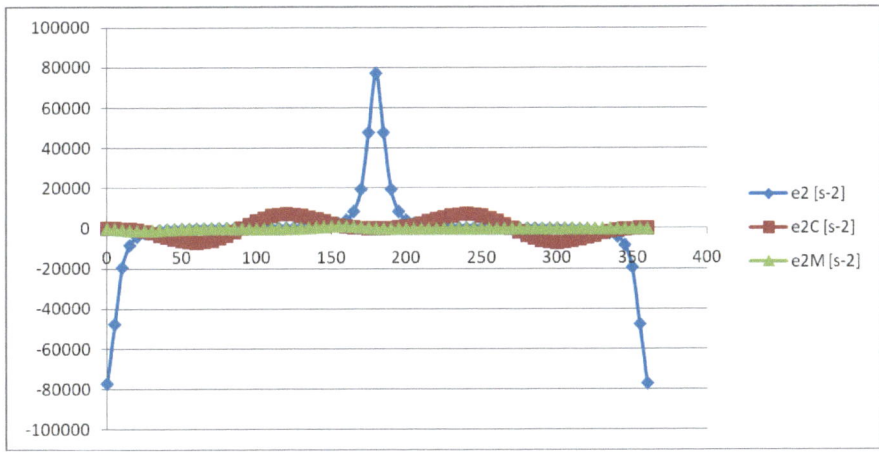

Fig. 6. *Accelerațiile unghiulare ale bielei în cazul B*

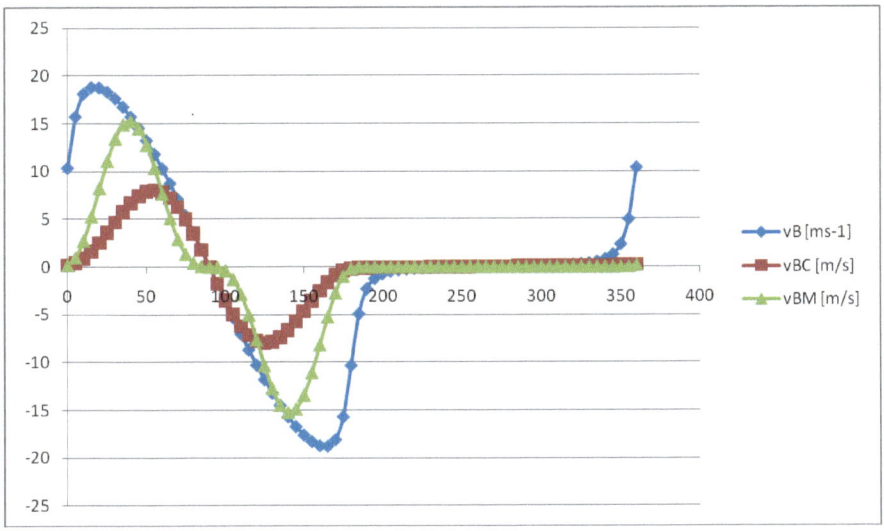

Fig. 7. *Vitezele liniare ale pistonului în cazul B*

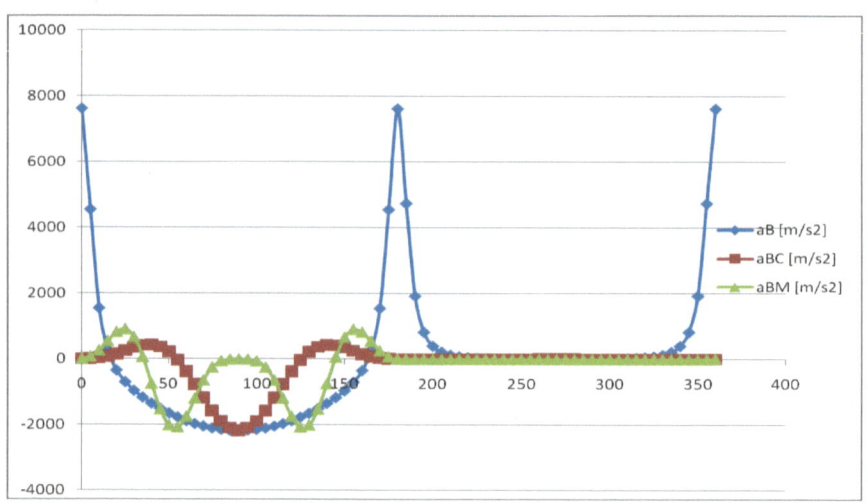

Fig. 8. *Accelerațiile liniare ale pistonului în cazul B*

Ne propunem să studiem în continuare numai diagramele de accelerații liniare ale pistonului. Pentru r=0.05 [m], l=0.1 [m], n=1000 [rot/min], deja accelerațiile liniare ale pistonului ating valori de 600 [ms^{-2}], (fig. 9). Pentru o turație atât de scăzută accelerațiile sunt foarte mari, faptul datorându-se cursei prea mari a pistonului datorată unei manivele prea lungi. Mărind turația arborelui motor (fig. 10) la o valoare de 5500 [rot/min] vârfurile accelerațiilor liniare ale pistonului vor atinge valori de 15-20000 [ms^{-2}].

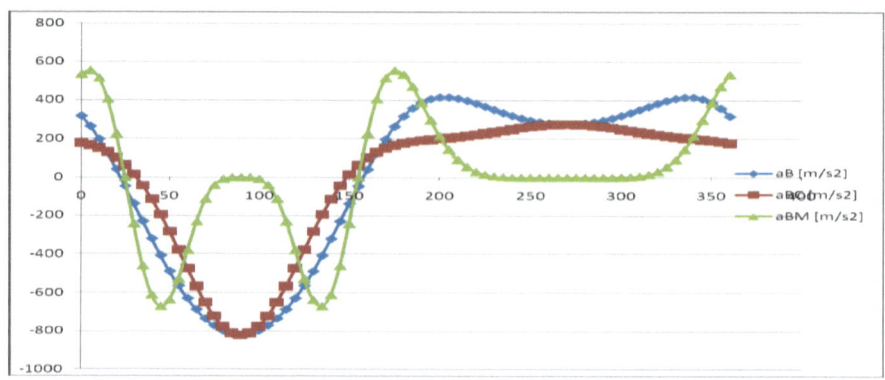

Fig. 9. *Accelerațiile liniare ale pistonului; r=0.05 [m], l=0.1 [m], n=1000 [rot/min]*

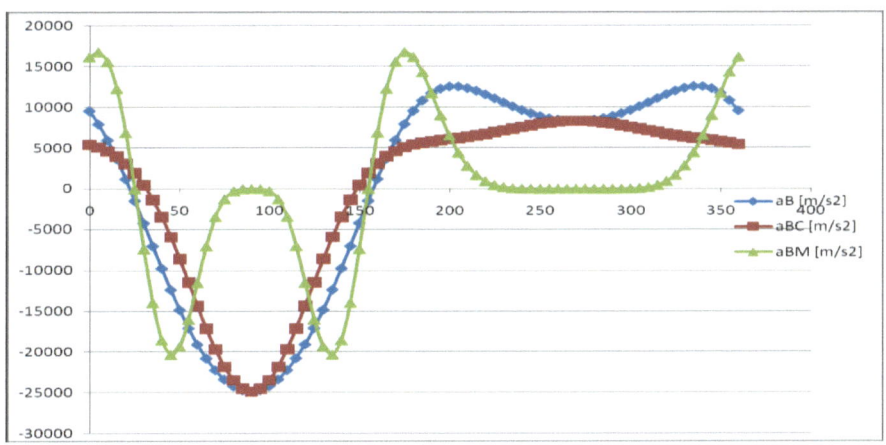

Fig. 10. *Acceleraţiile liniare ale pistonului;* $r=0.05$ [m], $l=0.1$ [m], $n=5500$ [rot/min]

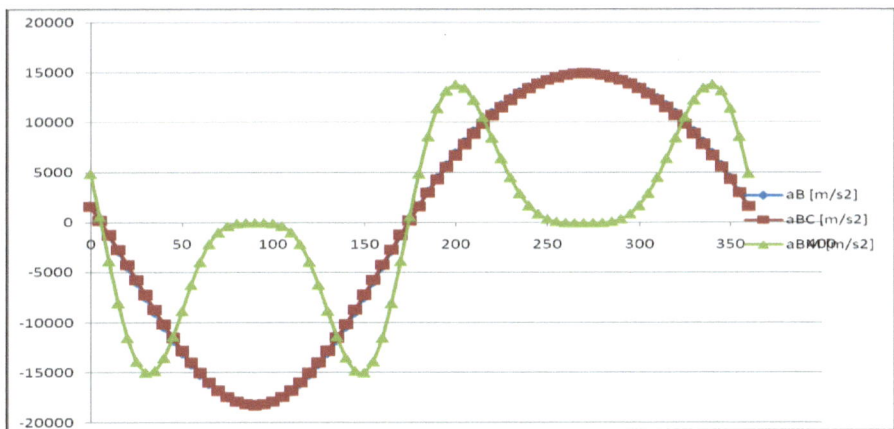

Fig. 11. *Acceleraţiile liniare ale pistonului;* $r=0.05$ [m], $l=0.5$ [m], $n=5500$ [rot/min]

Pentru a mai scădea vârfurile acceleraţiilor menţinând turaţia şi cursa constante se apelează la micşorarea raportului landa prin creşterea lungimii bielei. În figura 11, l a crescut de la 0.1 la 0.5 [m], iar vârfurile negative ale acceleraţiilor liniare ale pistonului s-au diminuat de la -26000 la circa -17000 [ms^{-2}]. O lungire mult mai mare a bielei nu mai este eficientă, astfel încât va trebui să reducem lungimea manivelei, dar odată cu ea şi cursa pistonului.

În figura 12, r a fost micşorat de la 5 la 2 [cm], iar vârfurile acceleraţiilor pistonului au scăzut de la circa 18000 la aproximativ 6000 [ms^{-2}]. Acceleraţiile au scăzut de circa 3 ori, dar şi cursa s-a diminuat corespunzător, de la 10 la 4 cm.

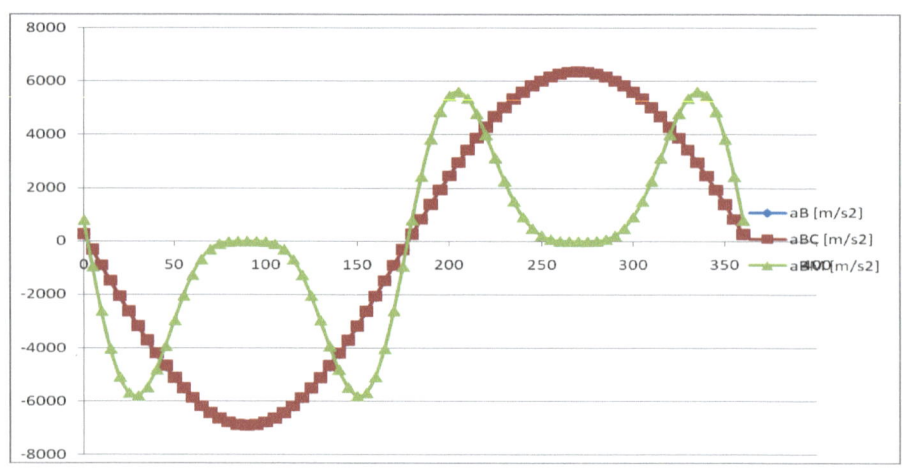

Fig. 12. *Accelerațiile liniare ale pistonului; r=0.02 [m], l=0.5 [m], n=5500 [rot/min]*

Se mai poate scădea acum și lungimea bielei, deoarece a devenit mult prea mare comparativ cu noua manivelă. În figura 13 lungimea bielei l, este redusă de la 0.5 la 0.06 [m].

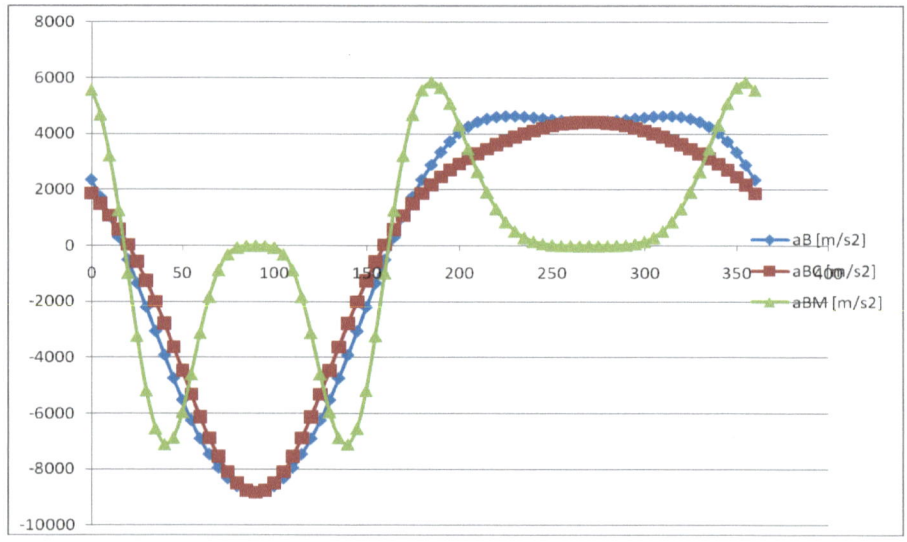

Fig. 13. *Accelerațiile liniare ale pistonului; r=0.02 [m], l=0.06 [m], n=5500 [rot/min]*

Mergem mai departe și scădem din nou lungimea manivelei de la 2 [cm] la 5 [mm], (fig. 14), astfel încât accelerațiile se diminuează, nemaidepășind 1500 [ms^{-2}].

Cursa pistonului a rămas încă suficient de mare (de un centimetru), astfel încât se poate vorbi tot de un motor Otto clasic (cel mult modificat). La pasul următor motorul Otto nu va mai fi practic un motor Otto, deoarece se mai micșorează lungimea manivelei de încă cinci ori până la valoarea de 1 [mm], cursa pistonului devenind de numai 2 [mm], astfel încât ea nu mai reprezintă o deplasare reală, funcționarea ansamblului piston devenind acum practic o vibrație mecanică (fig. 15). Pătrundem în domeniul „mecanicii fine". Accelerațiile maxime depășesc acum doar cu puțin valoarea de 300 [ms^{-2}].

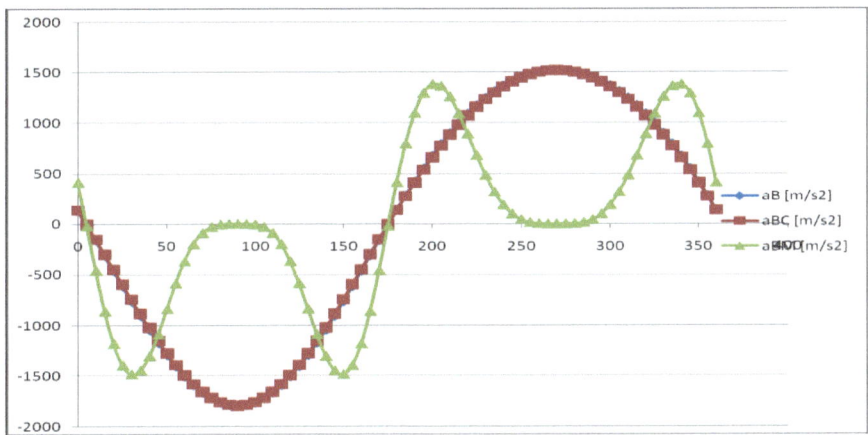

Fig. 14. *Accelerațiile liniare ale pistonului; r=0.005 [m], l=0.06 [m], n=5500 [rot/min]*

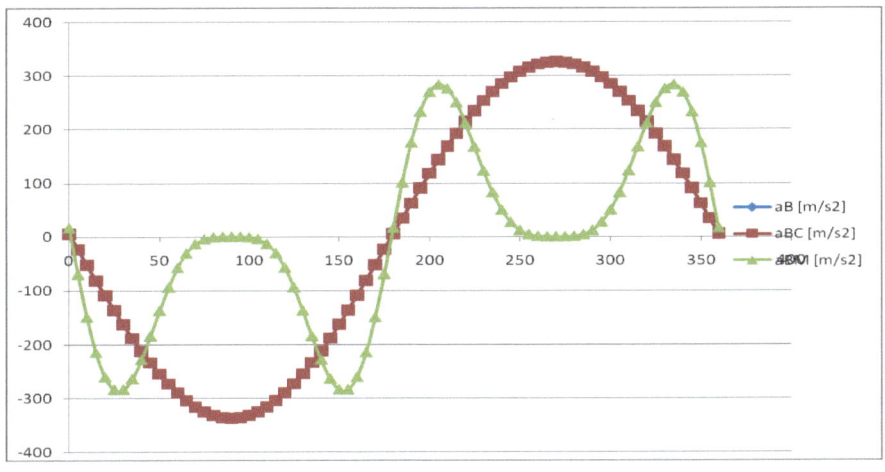

Fig. 15. *Accelerațiile liniare ale pistonului; r=0.001 [m], l=0.06 [m], n=5500 [rot/min]*

La nivelul la care s-a ajuns trebuie regândită construcția ansamblului cilindru-piston, diametrul alezajului trebuind să crească cât mai mult cu putință pentru a compensa pierderea de cilindree (de volum comprimabil). Ideal ar fi să se încerce și un combustibil cu ardere mai rapidă (ca de exemplu hidrogenul), deși nu este încă obligatorie schimbarea combustibilului, atâta timp cât ne limităm doar la un motor cu cursă foarte mică, care să funcționeze cu accelerații și încărcări mult mai mici, cu vibrații și zgomote mult limitate.

Dacă mergem mai departe, însă și ridicăm turația de lucru a motorului obținut, pierzând avantajul accelerațiilor și încărcărilor foarte scăzute, dar obținând un motor compact de turație foarte ridicată, cu compresie mărită, cu putere crescută la un consum de combustibil micșorat, atunci va trebui să înlocuim hidrocarburile lichide cu hidrogen lichid, sau un alt combustibil nou cu ardere foarte rapidă.

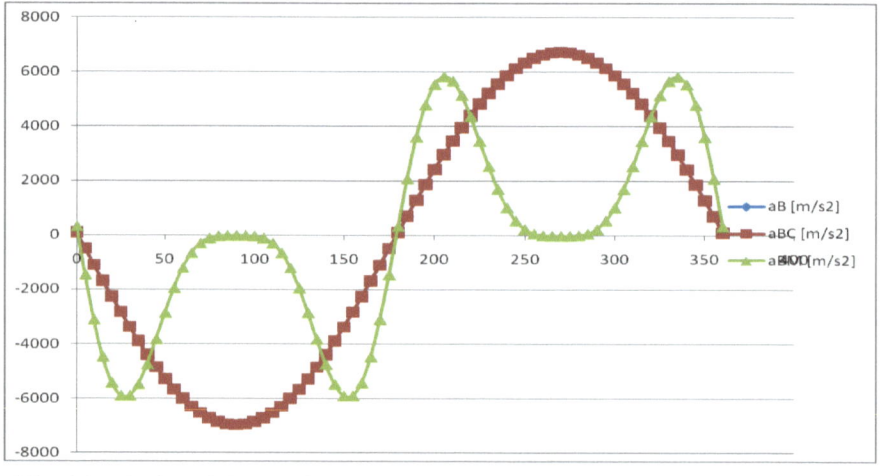

Fig. 16. *Accelerațiile liniare ale pistonului; r=0.001 [m], l=0.06 [m], n=25000 [rot/min]*

În figura 16 s-a ridicat turația arborelui cotit la valoarea medie de 25000 [rot/min], iar accelerațiile maxime ating 6000-7000 [ms^{-2}]. Zgomotul și vibrațiile nu sunt mai mari decât în cazul unui Otto clasic (nici încărcările), deși se lucrează cu turații foarte ridicate, cu puteri sporite și consumuri de combustibil reduse. Motorul poate funcționa probabil și cu hidrocarburi, dar o utilizare mai judicioasă a sa, cu arderi firești, complete, rezultând puteri mari și consumuri reduse, se va putea realiza prin utilizarea hidrogenului lichid, care arde de circa 10 ori mai repede decât hidrocarburile lichide.

Sporirea puterii obținute se va putea face și printr-un grad de comprimare a combustibilului mai mare. Unele piese micșorate și presiunile mărite datorită temperaturilor și turațiilor ridicate, dar mai ales atunci când se va crește totodată și coeficientul de compresie, duc la concluzia necesității utilizării și a unor materiale speciale, cu o rezistență sporită.

În continuare vom urmări aspectul diagramelor de accelerație ale unui motor de tip Otto în patru timpi pentru un ciclu energetic complet (720 deg) al manivelei.

În figura 17 se prezintă accelerația normală suprapusă peste cea dinamică pentru un ciclu energetic complet al motorului, dar cu un landa apropiat de unitate, la care diferențele sunt vizibile și în afara ciclului motor.

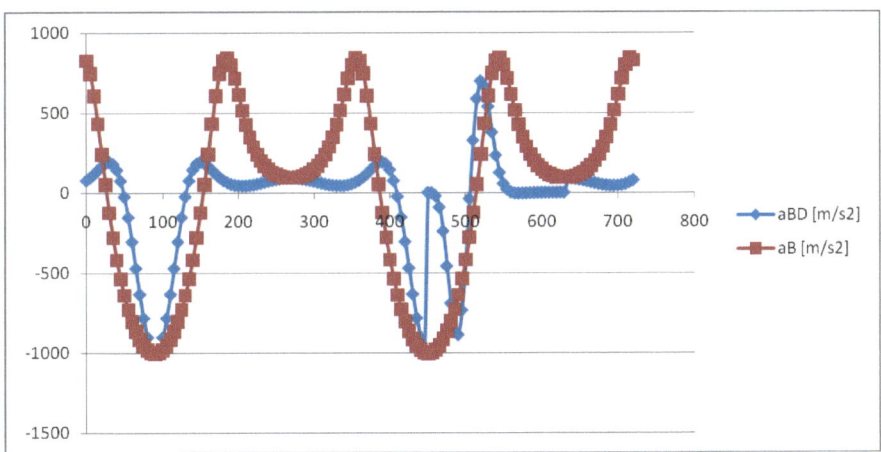

Fig. 17. *Accelerațiile liniare ale pistonului; r=0.05 [m], l=0.06 [m], n=1000 [rot/min]*

În figura 18 se urmăresc aceiași parametri în condiții normale de funcționare a motorului, pe un ciclu energetic complet (720), cu un raport Landa=r/l normal de 0.(3), realizat cu o lungime a manivelei r de 0.05 [m], o lungime a bielei l de 0.15 [m], turația luându-se la o valoare aleatoare, scăzută, de n=1000 [rot/min].

143

Turația, așa cum s-a mai arătat, nu influențează dinamica dată de cinematica dinamică sau de precizie, deci nu influențează aspectul diagramelor, ci doar stabilește amplitudinile valorilor accelerațiilor.

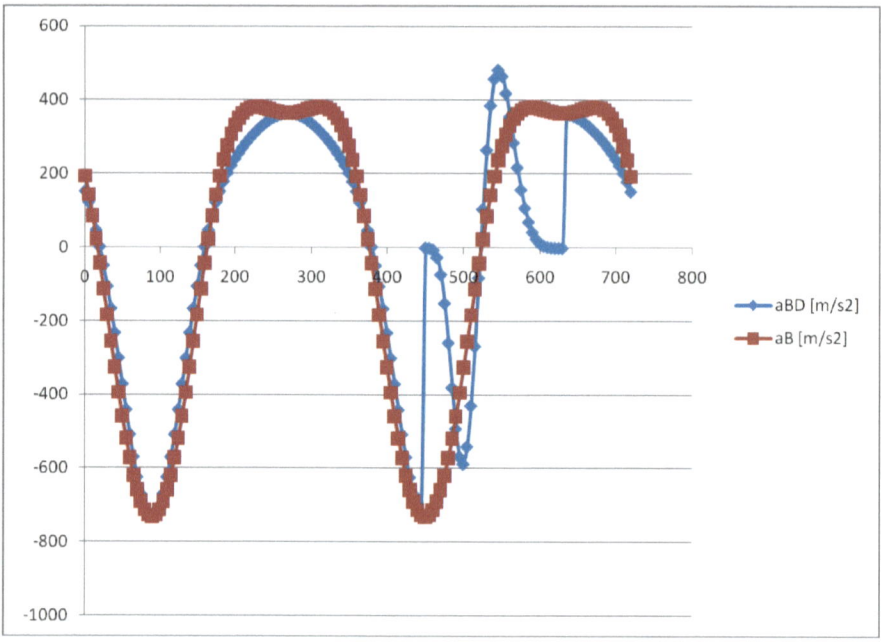

Fig. 18. *Accelerațiile liniare ale pistonului; r=0.05 [m], l=0.15 [m], n=1000 [rot/min]*

Se observă aspectul dinamic al diagramei mai subțiri (dinamică), pe porțiunea motoare (un singur timp din cei patru existenți).

Efectul cinematicii dinamice se resimte numai parțial în cinematica reală a mecanismului. Forțele care impun cinematica dinamică pe perioada regimului compresor sunt mai mici decât reacțiunile date de legăturile din cuplele cinematice, astfel încât pe perioada compresor, adică a acționării de la manivelă, cinematica reală este cea clasică, peste care se impune cu o pondere mult mai mică și cinematica de precizie, astfel încât se produc vibrații și zgomote. Pentru simplificare, vom considera pe perioada regimului de lucru de tip compresor numai cinematica clasică, iar pe perioada motoare, unde forțele motoare se impun chiar și peste cele date de legăturile cinematice, se va considera cinematica de precizie, cu o pondere totală, de 100% (a se vedea figura 19).

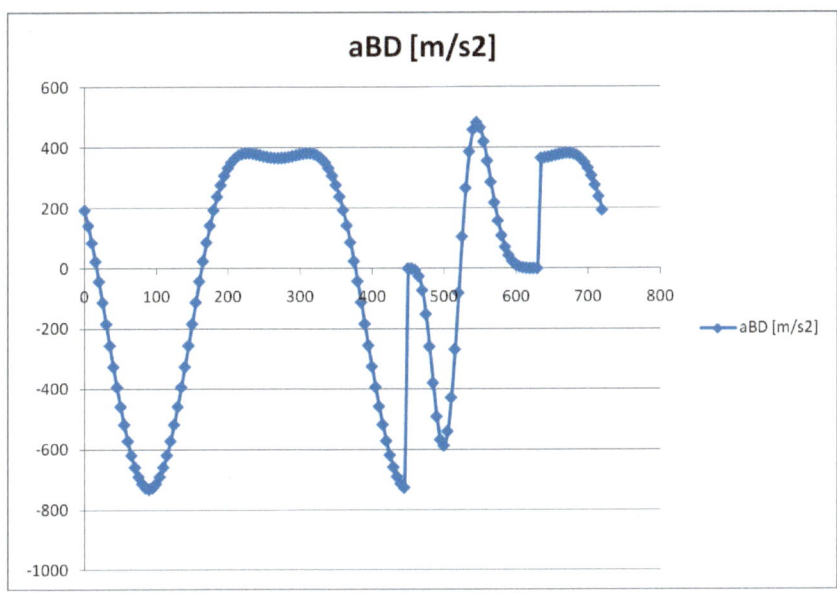

Fig. 19. *Acceleraţiile liniare ale pistonului; r=0.05 [m], l=0.15 [m], n=1000 [rot/min]*

Sunt şanse mari ca nici cinematica de precizie motoare să nu mai acţioneze pe toată porţiunea motoare, către final forţele motoare fiind mult mai mici (a se urmări diagrama din figura 20).

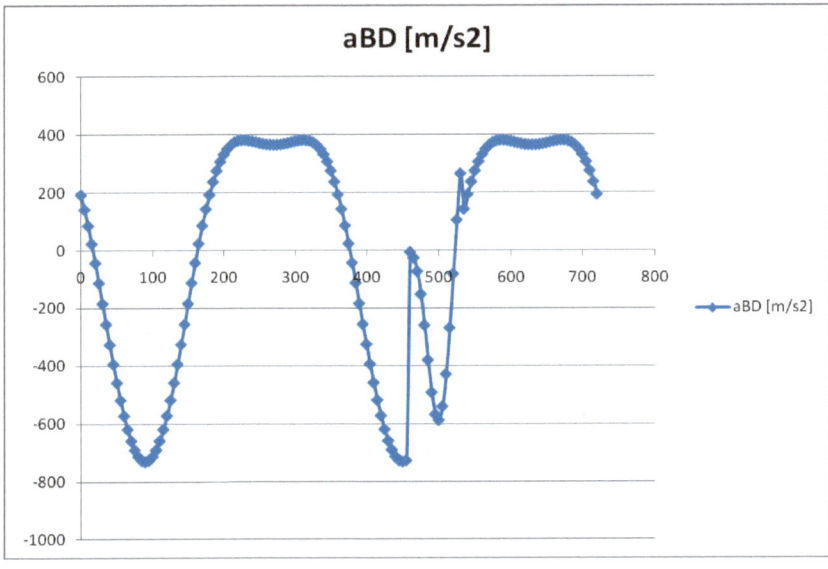

Fig. 20. *Acceleraţiile liniare ale pistonului; r=0.05 [m], l=0.15 [m], n=1000 [rot/min]*

Nu e nevoie să se determine exact momentul în care forțele motoare devin prea mici, deoarece în realitate oscilația apare așa cum se și formează ca o undă formată din cele două componente (fig. 21).

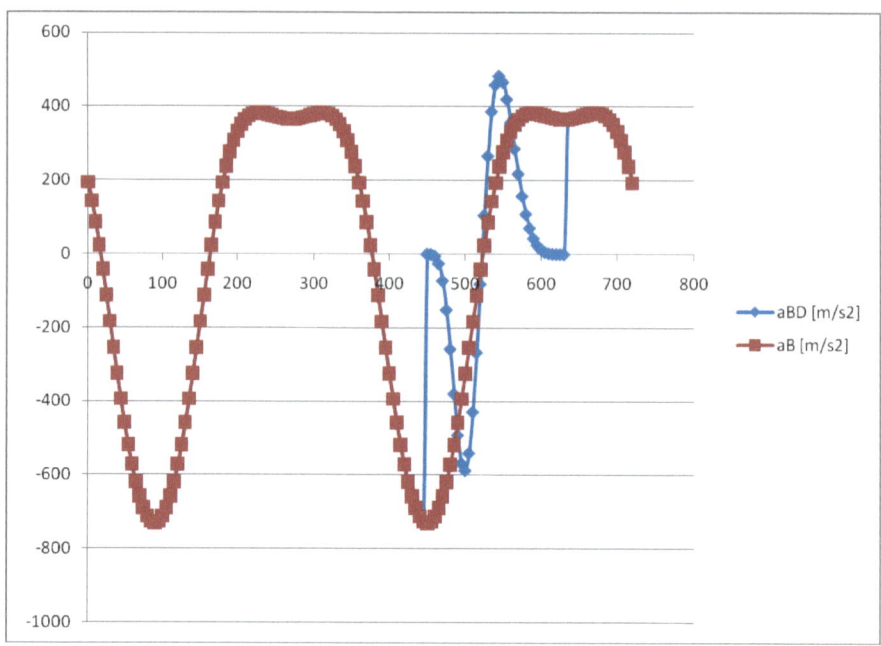

Fig. 21. *Accelerațiile liniare ale pistonului; r=0.05 [m], l=0.15 [m], n=1000 [rot/min]*

B6. Bibliografie

[1] Petrescu, F.I., Petrescu, R.V., *An original internal combustion engine,* Proceedings of 9th International Symposium SYROM, Vol. I, p. 135-140, Bucharest, 2005.

[2] Petrescu, F.I., Petrescu, R.V., *Câteva elemente privind îmbunătățirea designului mecanismului motor,* Proceedings of 8th National Symposium on GTD, Vol. I, p. 353-358, Brasov, 2003.

Cap. 7. DINAMICA MOTORULUI OTTO

Calculul dinamic al unui mecanism oarecare, deci şi al mecanismului bielă manivelă piston, utilizat ca mecanism principal la motoarele termice cu ardere internă de tip Otto, implică şi luarea în calcul a influenţei forţelor exterioare asupra cinematicii reale, dinamice, a mecanismului. Se ţine cont de forţele motoare şi rezistente, cât şi de cele inerţiale. Uneori se mai pot lua în calcul şi forţele de greutate, dar oricum influenţa lor este mai mică, neglijabilă chiar în raport cu forţele de inerţie care la motoarele termice sunt mult mai mari decât cele gravitaţionale. Se pleacă de la schema cinematică reprezentată în figura 1.

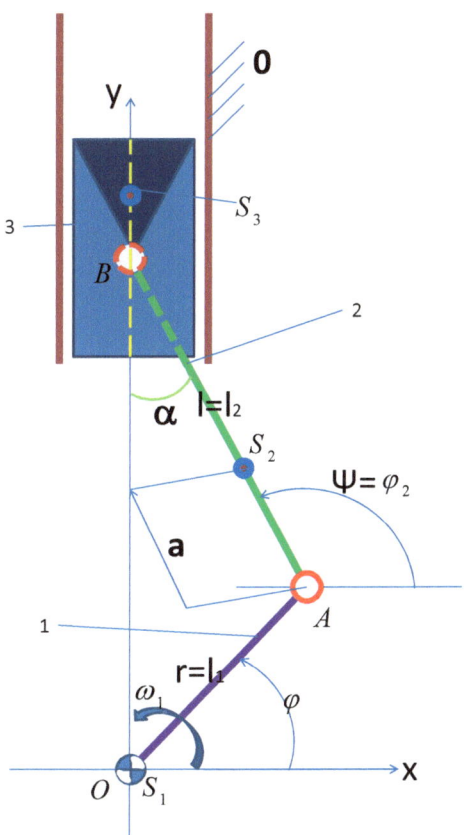

Fig. 1. *Schema cinematică a unui mecanism bielă manivelă piston*

$$\begin{cases} y_B = r\cdot\sin\varphi + l\cdot\sin\psi;\ r\cdot\cos\varphi + l\cdot\cos\psi = 0 \Rightarrow \\ l\cdot\cos\psi = -r\cdot\cos\varphi; \cos\psi = -\lambda\cdot\cos\varphi; \sin\psi = \sqrt{1-\lambda^2\cdot\cos^2\varphi} \\ -l\cdot\sin\psi\cdot\dot\psi = r\cdot\sin\varphi\cdot\omega \Rightarrow \dot\psi = -\lambda\cdot\dfrac{\sin\varphi}{\sin\psi}\cdot\omega \\ \ddot\psi\cdot\sin\psi + \dot\psi^2\cdot\cos\psi = -\lambda\cdot\cos\varphi\cdot\omega^2 \Rightarrow \\ \ddot\psi = -\dfrac{\lambda\cdot(1-\lambda^2)\cdot\cos\varphi\cdot\omega^2}{\sin^3\psi} \\ v_B \equiv \dot y_B = r\cdot\cos\varphi\cdot\omega + l\cdot\cos\psi\cdot\dot\psi = \\ = r\cdot\cos\varphi\cdot\omega\cdot\left(1+\lambda\cdot\dfrac{\sin\varphi}{\sin\psi}\right) = r\cdot\dfrac{\sin(\psi-\varphi)}{\sin\psi}\cdot\omega = s'_B\cdot\omega \Rightarrow \\ \Rightarrow s'_{G_3} \equiv s'_B = r\cdot\dfrac{\sin(\psi-\varphi)}{\sin\psi} \Rightarrow s'^2_{G_3} \equiv s'^2_B = r^2\cdot\dfrac{\sin^2(\psi-\varphi)}{\sin^2\psi} \\ \begin{cases} x_{S_2} = r\cdot\cos\varphi + a\cdot\cos\psi \\ y_{S_2} = r\cdot\sin\varphi + a\cdot\sin\psi \end{cases} \Rightarrow \begin{cases} \dot x_{S_2} = -r\cdot\sin\varphi\cdot\omega - a\cdot\sin\psi\cdot\dot\psi \\ \dot y_{S_2} = r\cdot\cos\varphi\cdot\omega + a\cdot\cos\psi\cdot\dot\psi \end{cases} \\ \begin{cases} \dot x_{S_2} = -r\cdot\dfrac{l}{l}\sin\varphi\cdot\omega + a\cdot\lambda\cdot\sin\psi\dfrac{\sin\varphi}{\sin\psi}\omega = -\lambda\cdot(l-a)\cdot\sin\varphi\cdot\omega \\ \dot y_{S_2} = r\dfrac{l}{l}\cos\varphi\omega + a\lambda^2\cos\varphi\dfrac{\sin\varphi}{\sin\psi}\omega = \lambda\cos\varphi\left(l+a\lambda\cdot\dfrac{\sin\varphi}{\sin\psi}\right)\omega \end{cases} \\ s'^2_{G_2} = \dot x'^2_{S_2} + \dot y'^2_{S_2} = \lambda^2(l-a)^2\sin^2\varphi + \lambda^2\cos^2\varphi\left(l+a\cdot\lambda\cdot\dfrac{\sin\varphi}{\sin\psi}\right)^2 \\ s'^2_{G_2} = \lambda^2\cdot\left[(l-a)^2\cdot\sin^2\varphi + \left(l+a\cdot\lambda\cdot\dfrac{\sin\varphi}{\sin\psi}\right)^2\cdot\cos^2\varphi\right] \end{cases} \quad (1)$$

Cu ajutorul relațiilor (1) se exprimă vitezele centrelor de greutate, necesare calculării momentului de inerție (mecanic sau masic al întregului mecanism) redus la manivelă (2). De fapt sunt necesare pătratele vitezelor centrelor de greutate (S_2 și S_3) ale mecanismului.

$$\begin{cases} J^* = J_{G_1} + J_{G_2} \cdot \psi'^2 + m_2 \cdot s_{G_2}'^2 + m_3 \cdot s_{G_3}'^2 \Rightarrow \\ \\ J^* = J_{G_1} + J_{G_2} \cdot \lambda^2 \cdot \dfrac{\sin^2 \varphi}{\sin^2 \psi} + m_3 \cdot r^2 \cdot \dfrac{\sin^2(\psi - \varphi)}{\sin^2 \psi} + \\ \\ + m_2 \cdot \lambda^2 \cdot \left[(l-a)^2 \cdot \sin^2 \varphi + \left(l + a \cdot \lambda \cdot \dfrac{\sin \varphi}{\sin \psi} \right)^2 \cdot \cos^2 \varphi \right] \end{cases} \quad (2)$$

În calculele dinamice este necesară și prima derivată a momentului de inerție mecanic redus, derivat în funcție de unghiul φ (relațiile 3-4).

$$\begin{cases} J^{*\prime} = J_{G_2} \cdot \lambda^2 \cdot \\ \\ \cdot \dfrac{2 \cdot \sin \varphi \cdot \cos \varphi \cdot \sin^2 \psi - \sin^2 \varphi \cdot 2 \cdot \sin \psi \cdot \cos \psi \cdot (-)\lambda \cdot \dfrac{\sin \varphi}{\sin \psi}}{\sin^4 \psi} + \\ \\ = m_2 \lambda^2 (l-a)^2 \sin(2\varphi) - m_2 \cdot \lambda^2 \sin(2\varphi) \left(l + a \cdot \lambda \cdot \dfrac{\sin \varphi}{\sin \psi} \right)^2 + \\ \\ + 2 \cdot m_2 \cdot a \cdot \lambda^3 \cdot \cos^2 \varphi \cdot \left(l + a \cdot \lambda \cdot \dfrac{\sin \varphi}{\sin \psi} \right) \cdot \\ \\ \cdot \dfrac{\cos \varphi \cdot \sin \psi + \sin \varphi \cdot \cos \psi \cdot \lambda \cdot \dfrac{\sin \varphi}{\sin \psi}}{\sin^2 \psi} + m_3 \cdot r^2 \cdot \\ \\ \cdot \dfrac{\sin^2(\psi - \varphi)\sin(2\psi)\lambda \dfrac{\sin \varphi}{\sin \psi} - \sin[2(\psi - \varphi)]\sin^2 \psi \left(1 + \lambda \dfrac{\sin \varphi}{\sin \psi} \right)}{\sin^4 \psi} \end{cases} \quad (3)$$

$$\begin{cases} J^{*'} = J_{G_2} \cdot \lambda^2 \cdot \dfrac{\sin(2\varphi) \cdot \sin^2\psi + \lambda \cdot \sin^2\varphi \cdot \sin(2\psi) \cdot \dfrac{\sin\varphi}{\sin\psi}}{\sin^4\psi} + \\[2mm] + m_2 \cdot \lambda^2 \cdot \sin(2\varphi) \cdot \left[(l-a)^2 - \left(l + a \cdot \lambda \cdot \dfrac{\sin\varphi}{\sin\psi} \right)^2 \right] + \\[2mm] + 2 \cdot m_2 \cdot a \cdot \lambda^3 \cdot \cos^2\varphi \cdot \left(l + a \cdot \lambda \cdot \dfrac{\sin\varphi}{\sin\psi} \right) \cdot \\[2mm] \cdot \dfrac{\cos\varphi \cdot \sin^2\psi + \lambda \cdot \sin^2\varphi \cdot \cos\psi}{\sin^3\psi} + m_3 \cdot r^2 \cdot \\[2mm] \dfrac{\lambda \sin^2(\psi - \varphi)\sin(2\psi)\dfrac{\sin\varphi}{\sin\psi} - \sin[2(\psi - \varphi)]\sin^2\psi \left(1 + \lambda \dfrac{\sin\varphi}{\sin\psi} \right)}{\sin^4\psi} \end{cases} \quad (4)$$

Pentru calculul dinamic mai este necesară și determinarea expresiei momentului total al forțelor motoare și rezistente redus la manivelă. Suma forțelor motoare și rezistente este în general mai greu de determinat exact (Ar trebui cunoscute foarte bine diagramele p-V, presiune-volum, în funcție de poziția manivelei, fapt ce implică pe lângă măsurătorile experimentale foarte precise și laborioase și existența motorului care trebuie analizat. Dacă însă se dorește designul dinamic general al unui motor Otto, în faza lui de proiectare atunci nu pot fi încă cunoscute cu precizie forțele ce acționează asupra pistonului.), astfel încât de multe ori se înlocuiesc forțele motoare și rezistente cu forțele de inerție (5-6), care se determină mult mai simplu (suma forțelor inerțiale este egală cu cea a forțelor motoare și rezistente).

$$\begin{aligned} & M_m - M_r + M_m^i - M_r^i = 0 \Rightarrow M_m - M_r = -\left(M_m^i - M_r^i \right) \Rightarrow \\ & \Rightarrow M_m - M_r = -M_m^i - (-)M_r^i \end{aligned} \quad (5)$$

$$\begin{cases} M^* = M_m - M_r = -\left(M_m^i - M_r^i\right) = J^* \cdot \omega_m^2 \cdot D \cdot D' - \int M_m^i \cdot d\varphi = \\ = J^* \cdot \omega_m^2 \cdot D \cdot D' - J^* \cdot \omega_m^2 \cdot \int D \cdot D' d\varphi = \\ = J^* \cdot \omega_m^2 \cdot D \cdot D' - J^* \cdot \omega_m^2 \cdot \frac{1}{2} \cdot D^2 = J^* \cdot \omega_m^2 \cdot \left(D \cdot D' - \frac{1}{2} \cdot D^2\right) \\ \\ 2 \cdot M^* = J^* \cdot \omega_m^2 \cdot \left(2 \cdot D \cdot D' - D^2\right) \end{cases} \quad (6)$$

Avem acum tot ce ne trebuie pentru rezolvarea ecuației dinamice (de mișcare, Lagrange) a mașinii, scrisă sub formă diferențială (7).

$$J^* \cdot \varepsilon + \frac{1}{2} \cdot \omega^2 \cdot J^{*'} = M^* \quad (7)$$

Ecuația diferențială a mașinii (7) se aranjează sub formele (8) mai convenabile, în vederea rezolvării ei.

$$\begin{cases} 2 \cdot J^* \cdot \omega \cdot \dfrac{d\omega}{d\varphi} + \omega^2 \cdot J^{*'} = 2 \cdot M^* \\ \\ 2 \cdot J^* \cdot \omega \cdot d\omega + \omega^2 \cdot J^{*'} \cdot d\varphi = 2 \cdot M^* \cdot d\varphi \\ \\ (\omega_m + d\omega) \cdot d\omega \cdot 2 \cdot J^* + (\omega_m + d\omega)^2 \cdot J^{*'} \cdot d\varphi = 2 \cdot M^* \cdot d\varphi \\ \\ \omega_m \cdot d\omega \cdot 2 \cdot J^* + (d\omega)^2 \cdot 2 \cdot J^* + \omega_m^2 \cdot J^{*'} \cdot d\varphi + (d\omega)^2 \cdot J^{*'} \cdot d\varphi + \\ + 2 \cdot \omega_m \cdot J^{*'} \cdot d\varphi \cdot d\omega - 2 \cdot M^* \cdot d\varphi = 0 \\ \\ \left(2 \cdot J^* + J^{*'} \cdot d\varphi\right) \cdot (d\omega)^2 + 2 \cdot \omega_m \left(J^* + J^{*'} \cdot d\varphi\right) \cdot d\omega - \\ - \left(2 \cdot M^* \cdot d\varphi - \omega_m^2 \cdot J^{*'} \cdot d\varphi\right) = 0 \end{cases} \quad (8)$$

Se observă cu uşurinţă că am ajuns la o ecuaţie de gradul 2 în ω_m, care se rezolvă cu formula cunoscută (9).

$$\begin{cases} d\omega = \dfrac{-\omega_m \cdot (J^* + J^{*'} \cdot d\varphi)}{2 \cdot J^* + J^{*'} \cdot d\varphi} \pm \\ \pm \dfrac{\sqrt{\omega_m^2 (J^* + J^{*'} d\varphi)^2 + (2M^* d\varphi - \omega_m^2 J^{*'} d\varphi) \cdot (2J^* + J^{*'} d\varphi)}}{2 \cdot J^* + J^{*'} \cdot d\varphi} \\ \\ d\omega = \omega_m \cdot \dfrac{-(J^* + J^{*'} \cdot d\varphi)}{2 \cdot J^* + J^{*'} \cdot d\varphi} + \omega_m \cdot \\ \cdot \dfrac{\sqrt{(J^* + J^{*'} \cdot d\varphi)^2 + J^* \cdot d\varphi \cdot (2J^* + J^{*'} \cdot d\varphi) \cdot (2 \cdot D \cdot D' - D^2 - 1)}}{2 \cdot J^* + J^{*'} \cdot d\varphi} \end{cases} \quad (9)$$

Considerând în continuare în calculele efectuate, viteza unghiulară variabilă obţinută, în locul celei constante, se obţin vitezele şi acceleraţiile dinamice. O să urmărim în continare câteva diagrame de acceleraţii dinamice, obţinute pentru diverse lungimi ale manivelei şi bielei. În figura 2 lungimea bielei este cu puţin mai mare decât cea a manivelei, fapt ce înrăutăţeşte dinamica mecanismului.

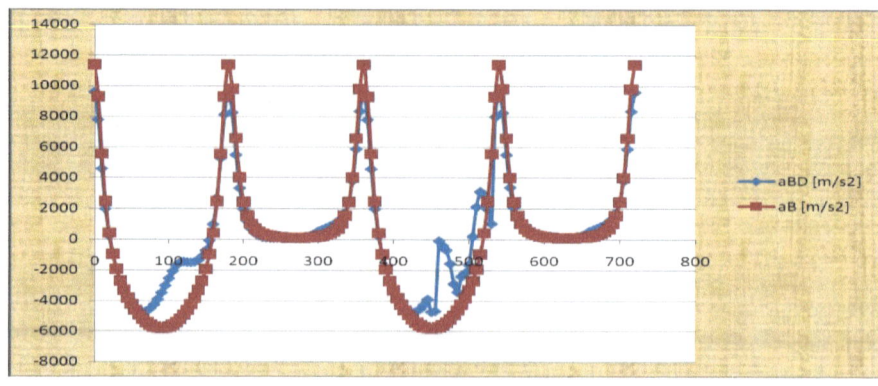

Fig. 2. *Sinteza dinamică a motorului; r=0.03 [m], l=0.031 [m], n=3000[rot/min]*

În figura 3 a crescut foarte puțin lungimea bielei și deja funcționarea dinamică a pistonului este mult îmbunătățită. Vârfurile nu mai sunt așa de ascuțite.

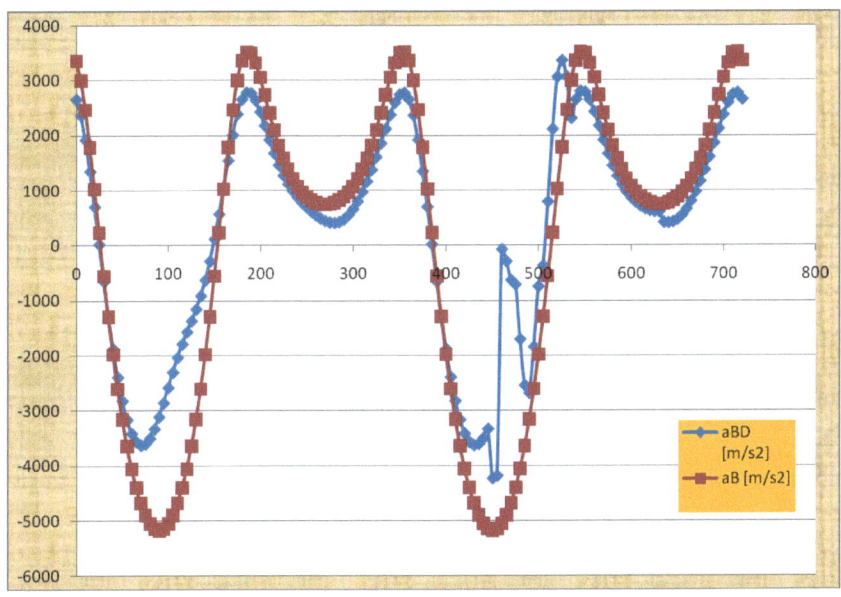

Fig. 3. *Sinteza dinamică a motorului;* $r=0.03$ *[m]*, $l=0.04$ *[m]*, $n=3000$*[rot/min]*

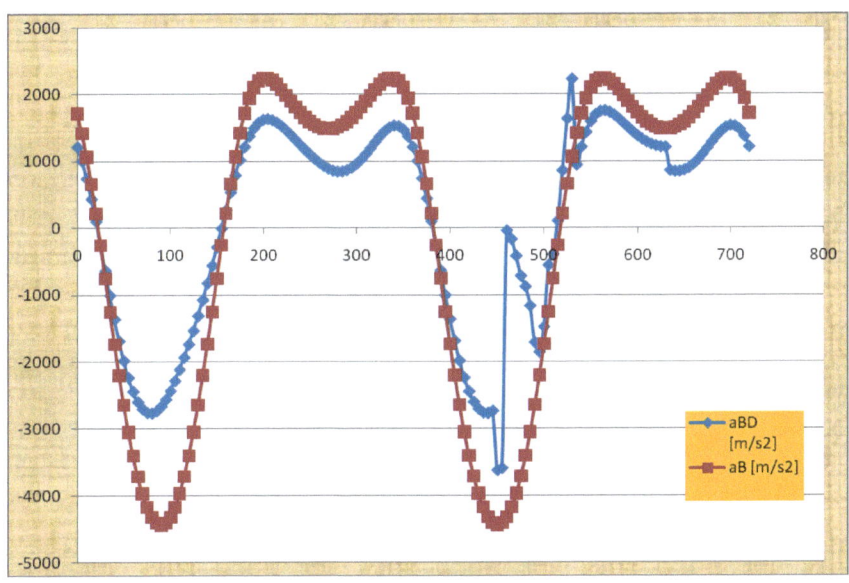

Fig. 4. *Sinteza dinamică a motorului;* $r=0.03$ *[m]*, $l=0.06$ *[m]*, $n=3000$*[rot/min]*

Crescând în continuare lungimea bielei, cu menținerea constantă a lungimii manivelei, se obțin accelerații mai rotunjite, care se apropie din ce în ce mai mult de formele sinusoidale (figurile 4-6).

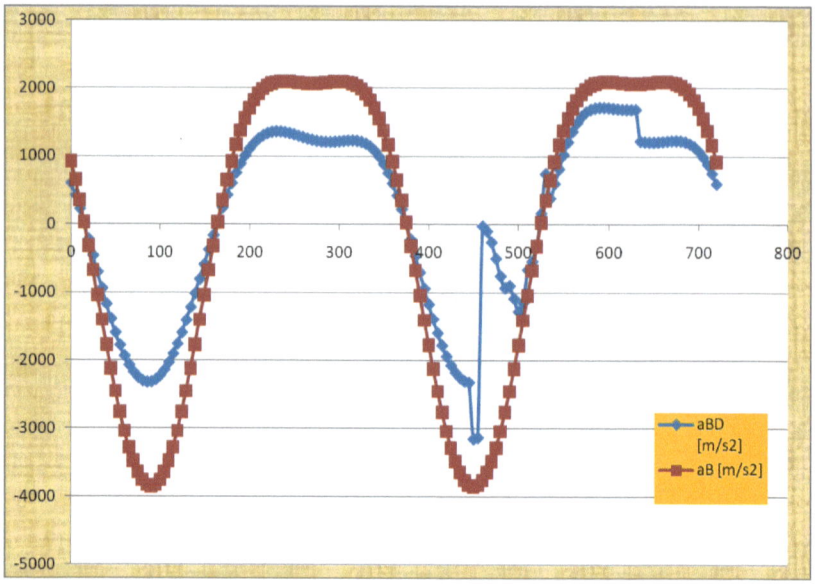

Fig. 5. *Sinteza dinamică a motorului;* $r=0.03$ *[m]*, $l=0.1$ *[m]*, $n=3000$*[rot/min]*

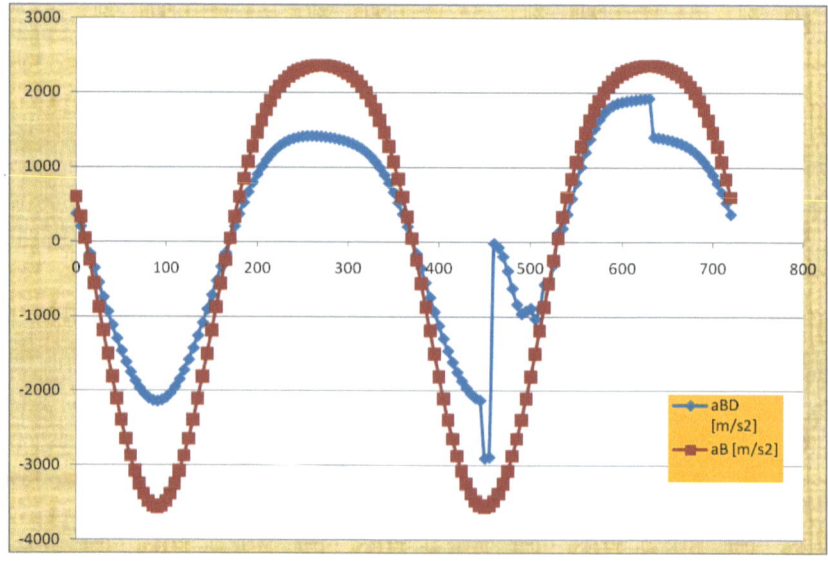

Fig. 6. *Sinteza dinamică a motorului;* $r=0.03$ *[m]*, $l=0.15$ *[m]*, $n=3000$*[rot/min]*

Elongațiile dinamice sunt în general mai mici decât cele cinematice.

În continuare se vor determina valorile accelerațiilor unghiulare, ε, pornind de la ecuația Lagrange (7), deja prezentată.

$$J^* \cdot \varepsilon + \frac{1}{2} \cdot \omega^2 \cdot J^{*'} = M^* \qquad (7)$$

Se aranjează ecuația (7) în forma (10), cu scopul explicitării variabilei ε, care trebuie determinată.

$$\varepsilon = \frac{2 \cdot M^* - \omega^2 \cdot J^{*'}}{2 \cdot J^*} = \left(D \cdot D' - \frac{1}{2} \cdot D^2 - \frac{1}{2} \cdot \frac{J^{*'}}{J^*} \right) \cdot \omega^2 \qquad (10)$$

Viteza unghiulară, variabilă, ω, este acum deja cunoscută, astfel încât se poate determina direct valoarea accelerației unghiulare, care atenție, apare în cinematica reală a mecanismului, la regimurile de lucru dinamice. Este timpul acum să se refacă cinematica mecanismului (relațiile 11-12), considerându-se existența accelerației unghiulare, ε, a manivelei.

$$\begin{cases} \cos\psi = -\lambda \cdot \cos\varphi \\ -\sin\psi \cdot \dot\psi = \lambda \cdot \sin\varphi \cdot \dot\varphi, \quad unde \quad \dot\varphi = D \cdot \omega; \quad \dot\varphi^2 = D^2 \cdot \omega^2 \\ \Rightarrow \dot\psi = -\lambda \cdot \dfrac{\sin\varphi}{\sin\psi} \cdot \dot\varphi \\ -\cos\psi \cdot \dot\psi^2 - \sin\psi \cdot \ddot\psi = \lambda \cdot \cos\varphi \cdot \dot\varphi^2 + \lambda \cdot \sin\varphi \cdot \ddot\varphi \\ \ddot\psi = \dfrac{-\cos\psi \cdot \dot\psi^2 - \lambda \cdot \cos\varphi \cdot \dot\varphi^2 - \lambda \cdot \sin\varphi \cdot \ddot\varphi}{\sin\psi} \Rightarrow \\ \Rightarrow \ddot\psi = \dfrac{-\lambda \cdot (1 - \lambda^2) \cdot \cos\varphi \cdot \dot\varphi^2 / \sin^2\psi - \lambda \cdot \sin\varphi \cdot \varepsilon}{\sin\psi} \end{cases} \qquad (11)$$

$$\begin{cases}
\ddot{\psi} = \dfrac{-\lambda \cdot (1-\lambda^2) \cdot \cos\varphi \cdot \dot{\varphi}^2}{\sin^3\psi} - \dfrac{\lambda \cdot \sin\varphi \cdot \varepsilon}{\sin\psi} \\[2pt]
\\
y_B = r \cdot \sin\varphi + l \cdot \sin\psi \\
v_B = r \cdot \cos\varphi \cdot \dot{\varphi} + l \cdot \cos\psi \cdot \dot{\psi} \\
a_B = -r \cdot \sin\varphi \cdot \dot{\varphi}^2 + r \cdot \cos\varphi \cdot \ddot{\varphi} - l \cdot \sin\psi \cdot \dot{\psi}^2 + l \cdot \cos\psi \cdot \ddot{\psi} \\
\\
a_B = -r \cdot \sin\varphi \cdot \dot{\varphi}^2 + r \cdot \cos\varphi \cdot \varepsilon - l \cdot \sin\psi \cdot \lambda^2 \dfrac{\sin^2\varphi}{\sin^2\psi} \cdot \dot{\varphi}^2 + \\
+ l \cdot \lambda \cdot \cos\varphi \cdot \left[\dfrac{\lambda \cdot (1-\lambda^2) \cdot \cos\varphi \cdot \dot{\varphi}^2}{\sin^3\psi} + \dfrac{\lambda \cdot \sin\varphi \cdot \varepsilon}{\sin\psi} \right] \\
\\
a_B = -r \cdot \sin\varphi \cdot \dot{\varphi}^2 + r \cdot \cos\varphi \cdot \varepsilon - r \cdot \lambda \cdot \dfrac{\sin^2\varphi}{\sin\psi} \cdot \dot{\varphi}^2 + \\
+ r \cdot \lambda \cdot \dfrac{\sin\varphi \cdot \cos\varphi}{\sin\psi} \cdot \varepsilon + r \cdot \lambda \cdot (1-\lambda^2) \cdot \dfrac{\cos^2\varphi}{\sin^3\psi} \cdot \dot{\varphi}^2 \\
\\
a_B = r \cdot \left\{ \left[\lambda \cdot (1-\lambda^2) \cdot \dfrac{\cos^2\varphi}{\sin^3\psi} - \sin\varphi - \lambda \cdot \dfrac{\sin^2\varphi}{\sin\psi} \right] \cdot \dot{\varphi}^2 + \right. \\
\left. + \left[\cos\varphi + \lambda \cdot \dfrac{\sin\varphi \cdot \cos\varphi}{\sin\psi} \right] \cdot \varepsilon \right\} \\
\\
a_B = r \cdot \omega^2 \cdot \left\{ \left[\lambda \cdot (1-\lambda^2) \cdot \dfrac{\cos^2\varphi}{\sin^3\psi} - \sin\varphi - \lambda \cdot \dfrac{\sin^2\varphi}{\sin\psi} \right] \cdot D^2 + \right. \\
\left. + \dfrac{\sin(\psi-\varphi)}{\sin\psi} \cdot \left(D \cdot D' - \dfrac{1}{2} \cdot D^2 - \dfrac{1}{2} \cdot \dfrac{J^{*'}}{J^*} \right) \right\}
\end{cases}$$
(12)

În figura 7 se poate urmări diagrama acceleraţiei obţinute.

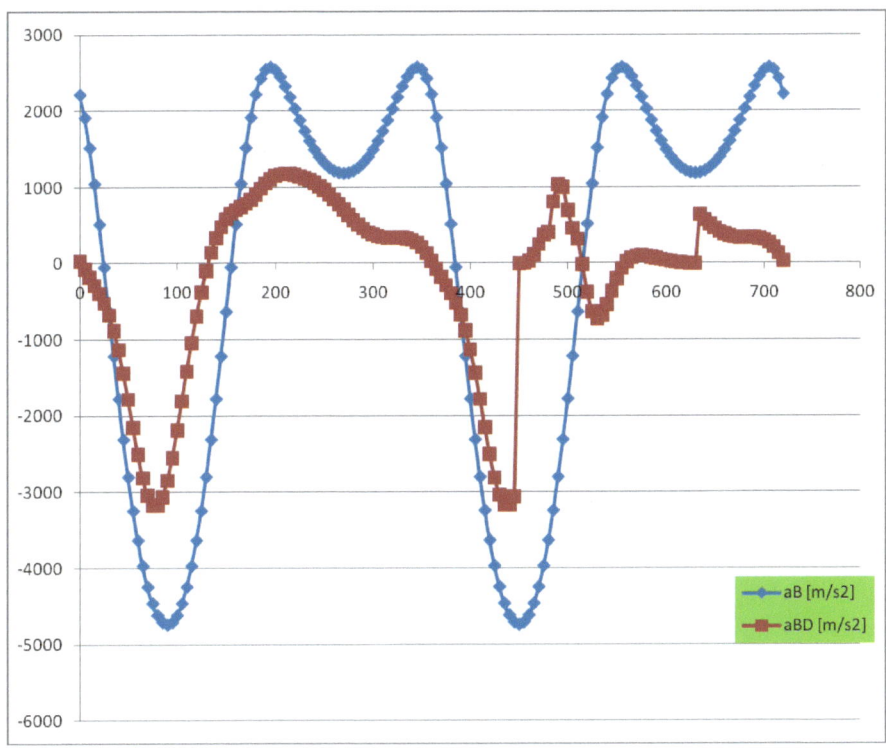

Fig. 7. *Diagrama accelerațiilor dinamice ale pistonului ținând cont și de existența lui ε:*
r=0.03 [m], l=0.05 [m], n=3000[rot/min]

Dacă s-a luat în considerare viteza unghiulară variabilă și existența unei accelerații unghiulare variabile a manivelei, ar trebui avut în vedere și efectul datorat deplasării unghiulare dinamice a manivelei. Aceasta este impusă dinamic de arborele cotit, astfel încât va trebui să înlocuim unghiul φ de rotație (sau poziționare) a manivelei cu valoarea sa dinamică calculată în regim de compresor, deoarece arborele cotit se deplasează numai după legile impuse chiar de el, existând atât în timpii motori, cât și în ceilalți timpi o forță motoare permanentă care antrenează tot arborele și deci și toate manivelele (fusurile manetoane), antrenare datorată timpilor motori ai tuturor cilindrilor, forțelor de inerție, și inerției foarte mari suplimentare impusă de volantul motorului. Variația dinamică a unghiului de poziție există în mod evident, dar ea nu poate fi impusă decât de însăși manivelă, adică de chiar dinamica arborelui motor.

Viteza unghiulară variabilă se determină cu relația (13).

$$\omega^D = D^C \cdot \omega \qquad (13)$$

Derivata unghiului de poziție în funcție de timp se poate trece (exprima și în funcție de unghiul de poziție, ϕ) conform relației (14). Dacă în cinematica clasică derivata lui fi în funcție de el are valoarea 1, în cinematica dinamică unde există acel coeficient dinamic, derivata unghiului de poziție în funcție de poziția ϕ ia valoarea D diferită în general de valoarea 1. Manivela este influențată dinamic direct de arborele motor pe care este construită, astfel încât dinamica ei va fi de tip compresor, adică cu conducere a ei dinspre arborele motor (arborele cotit).

$$\frac{d\varphi}{dt} = \frac{d\varphi}{d\varphi} \cdot \frac{d\varphi}{dt} = \varphi' \cdot \omega = D^C \cdot \omega \qquad (14)$$

Deducem (reținem) din relația (14) expresia (15).

$$\varphi' \equiv \varphi'^D = D^C = \sin^2 \psi = 1 - \lambda^2 \cdot \cos^2 \varphi \qquad (15)$$

În continuare prin integrarea coeficientului dinamic D în funcție de variabila ϕ, se obține expresia (16), care reprezintă valoarea lui φ^D, adică expresia matematică a unghiului dinamic de poziție.

$$\begin{cases} \varphi \equiv \varphi^D = \int D^C d\varphi = \int (1 - \lambda^2 \cdot \cos^2 \varphi) d\varphi = \\ = \int \left\{ 1 - \lambda^2 \cdot \left[\frac{\cos(2\varphi)}{2} + \frac{1}{2} \right] \right\} d\varphi = \int \left[1 - \frac{\lambda^2}{2} - \frac{\lambda^2}{2} \cdot \cos(2\varphi) \right] d\varphi = \\ = \left(1 - \frac{\lambda^2}{2} \right) \cdot \varphi - \frac{\lambda^2}{4} \cdot \sin(2\varphi) \\ \\ \varphi^D = \left(1 - \frac{\lambda^2}{2} \right) \cdot \varphi - \frac{\lambda^2}{4} \cdot \sin(2\varphi) \end{cases} \qquad (16)$$

Prin suprapunerea efectului dinamic al poziției în sistemele dinamice prezentate anterior, se obține diagrama de accelerații din figura (8).

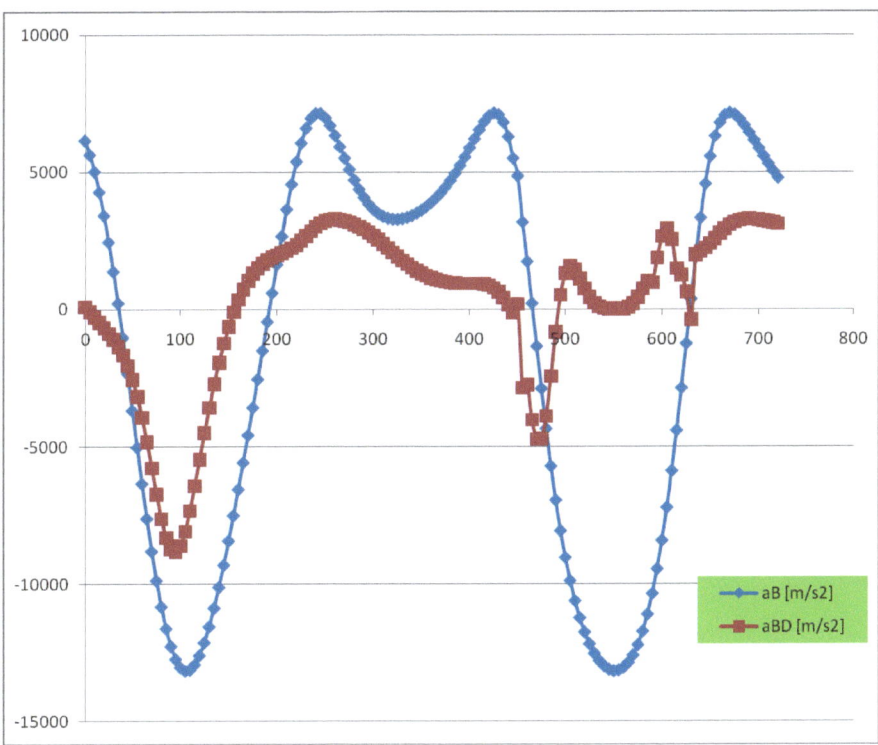

Fig. 8. *Diagrama accelerațiilor dinamice ale pistonului ținând cont de viteza unghiulară variabilă ω^D, de existența lui ε, și de valoarea variabilă a unghiului de poziție dinamic:*
r=0.03 [m], l=0.05 [m], n=5000 [rot/min]

Efectul dinamic pare să fie bun pentru mișcarea mecanismului, deoarece el restrânge elongațiile accelerației, însă atunci când se restrâng aceste zone cu vârfuri, se crează în schimb în zonele respective, oscilații, care produc vibrații, bătăi, zgomote, și chiar șocuri, fapt pus mai bine în evidență prin modelul cu viteză unghiulară variabilă și poziții dinamice (fără să se mai considere și efectul lui ε variabil), (a se vedea diagrama din figura 9).

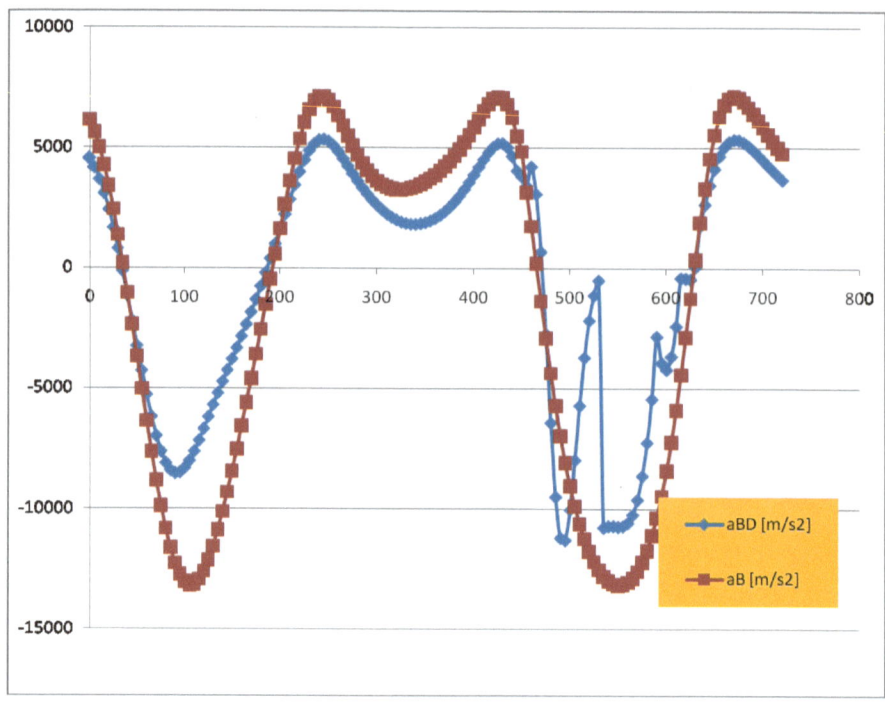

Fig. 9. *Diagrama accelerațiilor dinamice ale pistonului ținând cont de viteza unghiulară variabilă ω^D, și de valoarea variabilă a unghiului de poziție dinamic: r=0.03 [m], l=0.05 [m], n=5000[rot/min]*

La motorul Stirling apar patru zone cu vibrații în loc de una singură, pentru două rotații complete ale arborelui motor, dar toți timpii sunt timpi motori (a se vedea diagrama de accelerații din figura 10). Vibrațiile motorului Stirling vor fi mai însemnate decât cele ale unui motor de tip Otto, însă randamentul teoretic al motorului Stirling este mult mai ridicat.

Din păcate el nu se realizează integral în practică deoarece ar fi necesară o diferență de temperatură între sursele caldă și rece mult mai mare, decât cele utilizate în mod normal, astfel încât cele două motoare devin oarecum apropiate din punct de vedere al calităților și defectelor lor.

Totuși motorul Otto s-a impus la automobile, având o dinamică mai ridicată și mai bună, o adaptabilitate mai mare la diferitele regimuri de lucru impuse, motorul Stirling având probleme mai ales la regimurile tranzitorii, cât și la pornire.

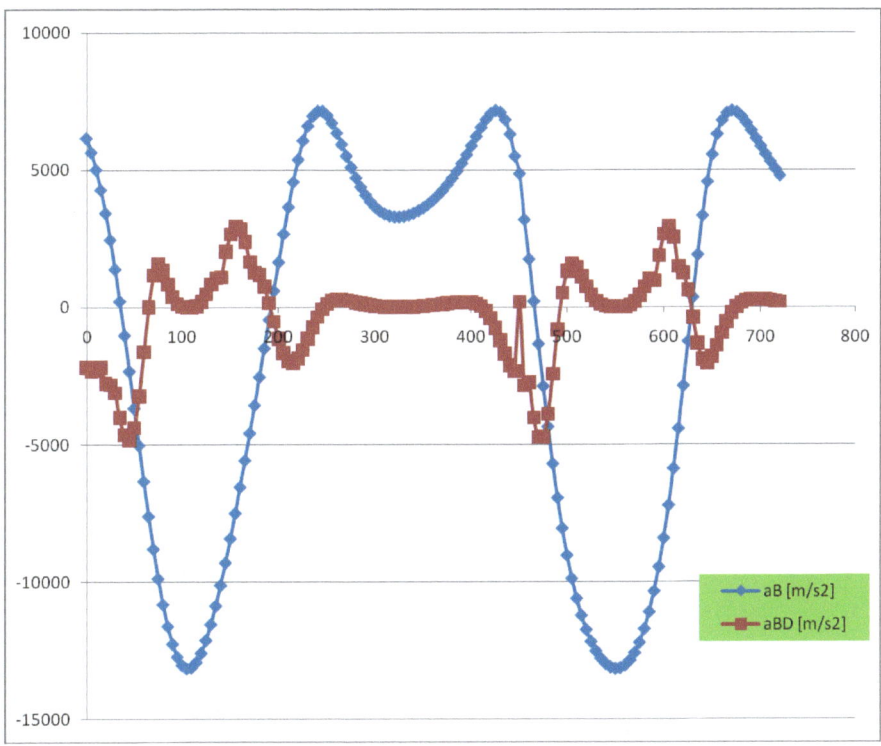

Fig. 10. *Diagrama accelerațiilor dinamice ale pistonului pentru un motor Stirling, ținând cont de viteza unghiulară variabilă ω^D, de existența lui ε, și de valoarea variabilă a unghiului de poziție dinamic:* $r=0.03\ [m],\ l=0.05\ [m],\ n=5000[rot/min]$

Dacă un motor termic cu ardere externă nu s-a putut bate cu motorul termic cu ardere internă de tip Otto, la montarea pe autovehicule, nu același lucru s-a întâmplat în domeniul vehiculelor în general, unde „a prins mult" și motorul cu ardere internă Diesel, cât și cel cu ardere externă Watt, cu aburi, utilizat foarte mult timp pe vehicule, la locomotive, șalupe, vapoare, etc., dar și ca motor staționar, în uzine, acolo unde și motorul Stirling dă rezultate foarte bune. Motorul cu aburi poate lucra la randamente superioare și cu o dinamică bună, iar dezavantajele arderii unor combustibili inferiori precum cărbunii pot fi eliminate prin arderea petrolului, a gazelor, a alcoolilor, a hidrogenului, etc, sau prin încălzirea vaporilor prin alte procedee moderne, cu rezistențe electrice, prin inducție, etc.

Iată că motoarele termice cu ardere externă, de tip Stirling sau Watt, încep din nou să intre în competiție cu cele termice cu ardere internă, de tip Otto, Diesel, Wankel, etc.

B7. Bibliografie

[1] **Grunwald B.**, *Teoria, calculul și construcția motoarelor pentru autovehicule rutiere.* Editura didactică și pedagogică, București, 1980.

[2] **Petrescu, F.I., Petrescu, R.V.**, *Câteva elemente privind îmbunătățirea designului mecanismului motor,* Proceedings of 8th National Symposium on GTD, Vol. I, p. 353-358, Brasov, 2003.